Uta Reichenbach/Gabriele Lehari

Der zuverlässige Begleithund

Von der Welpenerziehung bis zur Begleithundprüfung

3. Auflage

Oertel+Spörer

Bildnachweis
Titelbild und alle Innenteilbilder: Dr. Gabriele Lehari

Haftungsausschluss
Die Hinweise in diesem Buch wurden von den Autorinnen sorgfältig recherchiert und geprüft. Es können jedoch keinerlei Garantien übernommen werden. Eine Haftung der Autorinnen, des Verlags und seiner Beauftragten für Personen-, Sach- und Vermögensschäden ist ausgeschlossen. Sämtliche Teile des Werks sind urheberrechtlich geschützt. Jede Verwertung außerhalb der engen Grenzen des Urheberrechtsgesetzes ist ohne die schriftliche Zustimmung des Verlags und der Autorinnen unzulässig und strafbar. Dies gilt insbesondere für Vervielfältigungen, Übersetzungen, Mikroverfilmungen und die Einspeicherung und Verarbeitung in elektronischen Systemen.

Bibliografische Information der Deutschen Nationalbibliothek
Die Deutsche Nationalbibliothek verzeichnet diese Publikation in der Deutschen Nationalbibliografie; detaillierte bibliografische Daten sind im Internet über http://dnb.d-nb.de abrufbar.

Postfach 16 42 · 72706 Reutlingen

3. Auflage
Lektorat: Dr. Gabriele Lehari
DTP und Repro: Oertel+Spörer, Verlags-GmbH + Co. KG
Druck und Bindung: Oertel+Spörer Druck und Medien-GmbH+Co., Riederich
Printed in Germany
ISBN 978-3-88627-823-7

Inhalt

Vorwort 7

Allgemeines zur Grunderziehung 9
Wann beginnt die Hundeerziehung? 10
Wie lernt ein Hund? 12
Die operante Konditionierung 12
Das Shaping 12
Die Lernphasen 13
Motivation 13
Die drei Säulen der Hundeerziehung 14
Geduld 14
Konsequenz 15
Vertrauen 15
Lob und Tadel 16
Das richtige Timing 18
In die Schranken weisen 18
Bindung aufbauen 19
Kontaktliegen 20
Die richtigen Signale 20
Die Stimme 20
Mimik und Körpersprache 22
Die wichtigsten Kommandos 22
Hörzeichen mit Stimme 22
Hörzeichen mit Hundepfeife 24
Sichtzeichen 25
Sichtzeichen für Sitz 26
Sichtzeichen für Platz 26
Sichtzeichen für Bleib 27
Sichtzeichen für Fuß 28
Auflösen von Kommandos 28
Der Name – das Zauberwort 29
Spielen fördert Vertrauen 30
Beißhemmung will gelernt sein 31
Auch Beschwichtigen gehört dazu 32
Kommandos immer durchsetzen 34

Erziehung für den Alltag 35
Stubenreinheit 35
Die ersten Nächte 37
Das Gewöhnen an Halsband und Leine 38
Halsband oder Geschirr? 38
Das Band zwischen Hund und Mensch 39
Leinenführigkeit 40
Auf der linken Seite führen 41
Wie lange soll man üben? 42
Grundsätzliches zum Bei-Fuß-Gehen 42
Körperpflege muss sein 43
Alleinbleiben 44
Gewöhnung an andere Haustiere 46
Unerwünschtes Verhalten vermeiden 48
Hochspringen 48
Zerbeißen 49
Betteln am Tisch 50
Der Sofahund 51
Ängste abbauen 52

Mit dem Hund unterwegs 54
Autofahren 54
Übungen auf dem Spaziergang 56
Bei-Fuß-Gehen 56
Abwechslung ist wichtig 56
Heranrufen 57
Grundkommandos 59
Entspannen und genießen 60
Umgang mit Artgenossen 60
Umgang mit fremden Menschen 63
Der Stadtspaziergang 64
Im Restaurant oder Hotel 66

Welpenspielgruppe 68
Was sind Welpenspielgruppen? 68
Das Programm einer Welpenspielgruppe 70
Der passende Hundespielplatz 71
Umweltreize 71
Die ersten Übungen 72
Theorie 73
Abwechslung 73

Worauf noch zu achten ist **74**
Vorübungen für die spätere Ausbildung **74**
Bindungsübungen 74
Vorübungen für Sitz 75
Vorübungen für Platz 75
Vorübungen für die Fußposition und das Fußlaufen 76
Nach dem Welpenkurs **77**

Gezielte Ausbildung für die Begleithundprüfung 79

Motivation, positive Verstärkung und Aufmerksamkeit **80**
Klare Ziele sind wichtig 82
Das richtige Spielen 83
Aufmerksamkeitsübung 84
Mögliche Signale für den Hund **85**
Körperhilfen 85
Hörzeichen 85
Wichtig: das Auflösewort 86
Leine und Halsband **87**
Was ist für die Begleithundprüfung erlaubt? 87
Wann trainiert man mit Leine und wann ohne? 88
Die Grundstellung **89**
Grundstellung nach Drehungen 90
Die Fußarbeit **91**
Losgehen in der Fußposition 92
Anhalten aus der Fußposition 92
Fußposition im Laufen halten 94
90-Grad-Wendungen 96
180-Grad-Wendungen 98
Tempowechsel 99
Nicht zu lange üben 101
Die Sitzübung **103**
Ablegen in Verbindung mit Herankommen **105**
Platzposition einnehmen 105
Das schnelle Herankommen 108
Das Vorsitzen 110
Vom Vorsitzen in die Grundstellung wechseln 111
Die komplette Platzübung 113
Das Ablegen unter Ablenkung **114**
Die richtige Körperhaltung des Hundeführers **118**
Vorbereitung für die Prüfung im Straßenverkehr **119**

Begleithundprüfung 122
Voraussetzungen für eine Prüfungsteilnahme 123
Anmelden für die Begleithundprüfung 123
Überprüfung der Sachkunde 124
Unbefangenheitsprobe mit Identifikationskontrolle 125
Prüfung auf dem Übungsplatz 126
Anmeldung 126
Übungsablauf 127
Bewertung der Begleithundprüfung durch den Richter 128
1. Leinenführigkeit (Höchstpunktzahl 15 Punkte) 129
2. Freifolge (Höchstpunktzahl 15 Punkte) 131
3. Sitzübung (Höchstpunktzahl 10 Punkte) 132
4. Ablegen in Verbindung mit Herankommen (Höchstpunktzahl 10 Punkte) 132
5. Ablegen des Hundes unter Ablenkung (Höchstpunktzahl 10 Punkte) 133
Prüfung im Straßenverkehr 134
Verkehrsteil 135
Siegerehrung 139
Zum Schluss: ein paar Tipps für das erfolgreiche Bestehen 140

Anhang 142
Wichtige Adressen 142
Zum Weiterlesen 143

Vorwort

Welcher Hundehalter wünscht sich nicht einen treuen, zuverlässigen Vierbeiner an seiner Seite, den er (fast) überallhin mitnehmen kann, der sich immer richtig zu benehmen weiß und der ständig bemüht ist, es seinem Menschen recht zu machen? Falls Sie auch dazu gehören, haben Sie mit der Wahl dieses Buches die richtige Entscheidung getroffen. Denn hier finden Sie ausführliche Informationen und praktische Anleitungen, wie aus Ihrem Hund – ob Sie ihn als Welpe oder schon ausgewachsen bekommen – ein zuverlässiger Begleiter wird.

Denn auch wenn häufig behauptet wird, dass bestimmte Hunderassen leicht zu führen, einfach zu erziehen und problemlos zu halten sind – ganz ohne Arbeit und Mühe beim Umgang und der Erziehung des Vierbeiners funktioniert das nicht, selbst wenn es sich um einen angeblich idealen Familienhund handelt. Denn wie auch wir Menschen durchlaufen Hunde von klein auf nicht nur eine körperliche, sondern auch eine geistige Entwicklung, die genau verstanden und von uns Menschen in die gewünschte Richtung geleitet werden muss, wenn wir schließlich einen angenehmen Begleiter an unserer Seite haben möchten.

Auch Welpen haben wie kleine Kinder viel Unsinn im Kopf, erkunden ihre Umwelt mit allen Sinnen und probieren auf verschiedene Art und Weise aus, wozu sie in der Lage sind und wie weit sie im Umgang mit ihren Artgenossen und ihren Menschen gehen können.

Nach der Welpenzeit kommt dann die Pubertät – auch für Hunde eine schwierige Zeit des Erwachsenwerdens, in der häufig alles bisher so gut Erlernte auf einmal völlig vergessen erscheint und Eigenschaften unseres Vierbeiners zum Tragen kommen, die wir bis dahin noch nicht einmal geahnt haben.

Haben Sie während dieser Zeit, die je nach Rasse und Größe des Hundes mehr oder weniger lang sein kann, durchgehalten, nicht die Geduld verloren und konsequent die Erziehung weiter verfolgt, so werden Sie schließlich mit einem erwachsenen, braven und angenehmen Hund belohnt werden, mit dem Sie im Laufe der weiteren Jahre immer mehr zu einem Dreamteam zusammenwachsen.

Und auch wenn Sie einen erwachsenen Hund bei sich aufnehmen, von dem Sie vielleicht noch nicht einmal wissen, was für eine Vorgeschichte er hinter sich hat, können Sie mit etwas Erfahrung, vielleicht auch unter fachkundiger Anleitung auf dem Hundeplatz, sowie mit Geduld und Einfühlungsvermögen ebenso zu einem Traumhund an Ihrer Seite gelangen. Vielleicht brauchen Sie am Anfang etwas mehr Zeit mit dem neuen Vierbeiner, um ihm Dinge beizubringen oder ihn an neue Situationen zu gewöhnen, als mit einem Hund, der von klein auf bei Ihnen war. Aber trotzdem werden Sie gewisse Erfolge erzielen und in der Regel die gewünschten Verhaltensweisen erwirken.

Die richtige Erziehung eines Hundes erfolgt vom ersten Tag an und fängt mit kleinen Übungen im normalen Alltag zu Hause, beim Spaziergang oder beim Begegnen von Artgenossen an. In der Regel empfiehlt sich außerdem der Besuch eines Welpenkurses, damit der kleine Racker die Möglichkeit hat, mit Gleichtaltrigen zu spielen und somit sein Sozialverhalten richtig zu entwickeln. Gleichzeitig werden schon unter Anleitung die ersten wichtigen Erziehungsübungen durchgeführt. Ein Junghundekurs und mit dem erwachsenen Hund ein Begleithundkurs bauen dann darauf auf. Der krönende Abschluss ist das Ablegen der Begleithundprüfung, die für viele Hundehalter äußerst sinnvoll und gegebenenfalls sogar Pflicht sein kann, je nachdem, was Sie mit Ihrem Vierbeiner vorhaben.

Je nach Bundesland gibt es verschiedene Bestimmungen für die Haltung von Hunden allgemein, zum Beispiel bezüglich Leinenpflicht, und die Führung von Hunden spezieller Rassen. Häufig hat man dann Vorteile oder mehr Freiheiten, wenn man mit seinem Hund eine bestandene Begleithundprüfung nachweisen kann. Wer mit seinem Vierbeiner eine bestimmte Hundesportart ausüben möchte und später vielleicht sogar an Turnieren teilnehmen will, muss ohnehin mit seinem Hund diese Prüfung ablegen, um für die Wettkämpfe zugelassen zu werden.

Aber nicht nur aus diesen Gründen ist ein gut erzogener Hund – ob mit oder ohne bestandene Prüfung – in der heutigen Zeit und in unserer Gesellschaft sehr wichtig. Ein Hund, der zuverlässig gehorcht, sicher abrufbar ist, andere Menschen und Tiere nicht in Angst und Schrecken versetzt und gelassen mit seinem Umfeld umgeht, auch wenn für ihn viele Furcht einflößende Situationen immer wieder auftreten, erspart seinen Menschen viel Ärger und schont deren Nervenkostüm. Je zuverlässiger der Hund an Ihrer Seite ist, umso freudiger und stressfreier können Sie die gemeinsame Zeit mit ihm verbringen. Nicht selten werden Sie dann von Außenstehenden wegen Ihres braven Vierbeiners bewundert und sind auch mit ihm überall gern gesehen – ob im Restaurant, in der City, in öffentlichen Verkehrsmitteln, auf Veranstaltungen, bei Familienfeiern und vielem mehr. Ein zuverlässiger Begleithund verbessert nicht nur Ihre Stimmung, sondern das Verhältnis zwischen Ihnen und Ihrem Hund wird noch enger und gefestigter, was wiederum die Voraussetzung für ein harmonisches Miteinander ist.

Wir wünschen Ihnen viel Erfolg und vor allem viel Freude mit Ihrem Vierbeiner, wie wir es in so vielen Jahren selbst erlebt haben.

Uta Reichenbach und Gabriele Lehari

Allgemeines zur Grunderziehung

Das gesamte Leben eines jeden Hundes besteht aus Lernen. Ein Hund handelt naturgemäß instinktiv, das heißt, er orientiert sich primär an Erfolgserlebnissen. Und das fängt schon am ersten Lebenstag an.

Das erste Erfolgserlebnis eines jeden neugeborenen Hundes besteht darin, so schnell wie möglich an die Zitze der Mutter zu kommen, um somit an Nahrung zu gelangen. Durch dieses erste Erfolgserlebnis ist ein Hund für immer geprägt. Er wird ein Leben lang bestrebt sein an (s)ein Erfolgserlebnis zu gelangen, im Zweifel auch ohne Ihr Zutun. Wenn Sie aber von Anfang an gezielt und sofort ein erwünschtes Verhalten bei Ihrem Hund belohnen, wird dieses Verhalten bei Ihrem Hund verstärkt, und wenn Sie es wiederholt belohnen, wird es gefestigt. So lernt Ihr Hund schnell, was Sie von ihm wünschen.

Ein Hund, der von seinen Menschen nicht erzogen wird, erzieht sich schließlich selbst. Gerade ein Welpe oder Junghund, der außer der Erziehung seiner Mutter und eventuell seiner Wurfgeschwister noch keine weiteren äußeren Einflüsse durch Menschen erlebt hat, wird stets versuchen, so weit zu kommen, wie er es gern hätte. Damit der Hund später nicht selbst bestimmt, „wo es langgeht“, ist es unbedingt notwendig, ihn zu erziehen, damit ein angenehmes Zusammenleben mit ihm möglich ist.

Bei der Hundeerziehung sollten bestimmte Regeln eingehalten werden, damit der Hund einen versteht und die Erziehung von Erfolg gekrönt ist. Und hierfür gilt: Erst lernt der Mensch und dann der Hund.

Wenn ein Hund seine Grenzen nicht von uns gezeigt bekommt, kann es sich mitunter später als sehr mühsam, ja sogar unmöglich erweisen, mit solch einem Hausgenossen in einer für beide Seiten harmonischen Gemeinschaft zu leben. Aus diesem Grund sollten Sie Ihren Hund durch Konsequenz und Liebe so erziehen, wie Sie sich das spätere Verhalten des Hundes und somit ein angenehmes Zusammenleben vorstellen. Für eine gute Erziehung Ihres Vierbeiners ist nicht nur Ihr Handeln erforderlich, sondern ebenso eine enge Bindung mit gegenseitigem Vertrauen.

Die Bindung und das Vertrauen zwischen Ihnen und Ihrem Hund entstehen nicht von heute auf morgen – sie wachsen durch gemeinsame positive Erlebnisse, die nicht unbedingt mit Erziehung zu tun haben müssen. Hierzu gehören eine feste Bezugsperson, ein

WICHTIG!

Erwarten Sie niemals zu schnell zu viel von Ihrem Vierbeiner. Seien Sie geduldig, verständnisvoll und konsequent. Versuchen Sie stets, Ihren Hund zu verstehen und seine physische und psychische Entwicklung hierbei zu berücksichtigen – dann ist Hundeerziehung eigentlich ganz einfach.

Durch enge Bindung, Vertrauen und liebevolle Erziehung werden Mensch und Hund zu einem guten Team.

geregelter Tagesablauf, das tägliche Spiel, Kontaktliegen mit dem Hund, die Fellpflege, täglicher intensiver Blickkontakt, sinnvolle Beschäftigung nach den jeweiligen Neigungen des Hundes und vor allem die Tatsache, dass Sie Ihrem Hund stets die für ihn äußerst wichtige und notwendige Sicherheit bieten.

Sie als Mensch übernehmen jetzt die Rolle des Rudelführers. In freier Natur ist der Rudelführer der Leithund, der für die Sicherheit seines Rudels sorgt. Zeigt der Leithund Schwäche und bringt somit sein Rudel in Gefahr, wird ein anderes Rudelmitglied versuchen, seinen Rang einzunehmen und den Leithund abzulösen. Da Hunde äußerst soziale Wesen sind, akzeptieren alle anderen Rudelmitglieder diese Rangordnung und fügen sich dem Leithund. Daher ist ein Hund, der seinen festen Platz in der Familie hat und seinen Menschen untergeordnet ist, keineswegs unglücklich, sondern im Gegenteil – er fühlt sich geborgen und sicher und wird dies auch durch sein Verhalten zeigen.

Wann beginnt die Hundeerziehung?

Die früher häufig vertretene Meinung, ein Hund solle zunächst seine Jugend genießen und erst nach seiner Pubertät erzogen und ausgebildet werden, ist heute völlig überholt. Mit der Erziehung kann man beginnen, sobald der neue Familienzuwachs – ob als Welpe oder auch als erwachsener Hund – ins Haus kommt.

Ein Hund ist von Geburt an in der Lage zu lernen, und zwar ein Leben lang. Beginnen Sie also sofort, denn im Endeffekt festigen Sie nur all die Verhaltensweisen des Hundes, die er bereits von Natur aus beherrscht. So kann er von Natur aus sitzen, sich hinlegen, langsam und schnell laufen, apportieren, zu seinem „Rudelführer“ kommen, von einer Beute ablassen, seine Nase einsetzen, etwas suchen und vieles mehr. Es liegt nun an Ihnen, durch gezielte Erziehung Ihren Hund dazu zu bringen, auf Ihren Wunsch hin etwas für Sie zu tun oder etwas Unerwünschtes zu unterlassen.

Mit Erziehung sind dann zunächst einfache Grundregeln gemeint, die man jedem Hund ganz leicht spielerisch und mit Belohnung beibringen kann. Dazu gehören zum Beispiel die ersten Sitz- und Kommübungen mit dem Welpen. Und erwachsenen Hunden kann man von Anfang an mit Gefühl und Ruhe beibringen, wo ihr Schlafplatz ist, dass sie am Tisch nicht betteln dürfen oder was „Sitz“ und „Platz“ bedeutet, auch wenn sie zuvor nie eine Erziehung genossen haben.

Also beginnen Sie sofort mit der Erziehung Ihres Hundes, wenn er Einzug in Ihre Familie hält. Auch wenn Mensch und Hund völlig unterschiedliche Veranlagungen, Verhaltensmuster und Verständigungsweisen besitzen, so ist es doch für beide Seiten möglich, miteinander zu kommunizieren. Der Hund als soziales Wesen versucht seinerseits permanent, Sie zu verstehen, also bemühen Sie sich Ihrerseits ebenso, Ihren Hund zu verstehen. Ein Hund verknüpft stets das Jetzt und Hier. Er ist weder nachtragend noch kann er weit vorausschauend denken und handeln.

Versuchen Sie, sich bei der Erziehung Ihres Hundes nicht von Stimmungen beeinflussen zu lassen. Wenn Sie selbst nervös, entnervt, ungeduldig oder schlecht gelaunt sind, verlegen Sie Erziehungsübungen auf einen späteren Zeitpunkt. Denn Ihre Stimmung schlägt sich auf den Hund nieder, wodurch die Übungen nicht zum gewünschten Erfolg führen. Seien auch Sie nicht nachtragend, wenn einmal etwas nicht funktioniert, und erwarten Sie im Voraus nicht zu viel auf einmal. Trauen Sie Ihrem Hund Stück für Stück auch etwas zu, damit Sie mit

Auch Kinder und Jugendliche können einen Hund erziehen und ausbilden, wenn sie den richtigen Umgang mit ihrem Vierbeiner gelernt haben und verantwortungsbewusst und konsequent sind.

Ihrer Erziehung vorankommen und nicht auf der Stelle treten. Wenn Sie Ihrem Hund vertrauen, wird sich das auch auf ihn übertragen und er wird stolz und selbstbewusst so einige Hürden nehmen, die Sie ihm vorher vielleicht gar nicht zugetraut haben.

Wie lernt ein Hund?

Wer sich ein bisschen für Hundeerziehung interessiert, wird sicherlich schon dem Begriff „Konditionierung" begegnet sein. Unter Konditionierung versteht man das Erlernen von Reiz-Reaktions-Mustern. Auf einen bestimmten Reiz folgt beim Tier eine bestimmte Reaktion. Konditionieren ist also ein Prozess, in dessen Verlauf zwischen einer Verhaltensweise und einem neuen Reiz eine Verknüpfung (Assoziation) erstellt wird.

Bei der klassischen Konditionierung werden natürliche, meist angeborene Reflexe mit einem vorher unbedeutenden Auslösereiz in eine konditionierte Reaktion verwandelt. Bei der Hundeerziehung spielt vorwiegend die operante oder instrumentelle Konditionierung eine wichtige Rolle.

Die operante Konditionierung

Bei der operanten Konditionierung lernt der Hund, dass er durch sein eigenes Verhalten bestimmen kann, ob er eine Belohnung erhält. Er lernt also durch die Konsequenzen seines Handelns. Zeigt er das erwünschte Verhalten, bekommt er eine Belohnung, zeigt er es nicht, erhält er keine Belohnung. Dadurch wird er dazu motiviert, das erwünschte Verhalten immer öfter zu zeigen, um noch mehr Belohnungen zu erhalten. Gleichzeitig wird er experimentierfreudig und weitere Verhaltensweisen anbieten, um auszuprobieren, wofür er belohnt wird. Verhaltensweisen, die nie eine Belohnung erfahren, zahlen sich für ihn nicht aus und werden mit der Zeit „gelöscht". Die instrumentelle Konditionierung hat also eine freiwillige, bewusst gewählte Reaktion des Hundes zur Folge. Sie beruht auf Lernen über Versuch und Irrtum, über Erfolg und Misserfolg. Und das kann man sich bei der Hundeerziehung wunderbar zunutze machen.

Das Shaping

Shaping heißt übersetzt „formen" und bedeutet, dass man eine gewünschte Handlung, die der Hund ansatzweise, aber noch unvollständig zeigt, Schritt für Schritt zu dem richtigen Verhalten ausbaut. Man formt also aus der im Ansatz richtig gezeigten Verhaltensweise die fertige Schlusshandlung. Ein Beispiel ist das Fußlaufen. Hier werden die korrekte Position und die richtige Körperhaltung vom Hund Schritt für Schritt aufgebaut.

Die Lernphasen

Im Allgemeinen können vier aufeinanderfolgende Lernphasen unterschieden werden:

- Erwerben des Lerninhaltes
- Übung im Fluss ausführen
- Generalisierung (Koppelung eines Lernprozesses mit einer bestimmten Reizsituation)
- Aufrechterhaltung durch Wiederholung

Wichtig beim Lernen ist der Einsatz von Hilfen wie Futterhand, Handzeichen, Körpersprache, Stimme, Schritttechnik usw. Sie dienen dem Anlernen und Aufbau von Übungen oder einzelnen Elementen. Bevor aber die Generalisierung erfolgt, müssen die Hilfen allmählich reduziert und schließlich ganz abgebaut werden.

Hunde lernen sehr kontextbezogen, das heißt, der Lernprozess kann von verschiedenen Umweltfaktoren wie Ort, Personen, anderen Hunden, Tageszeit oder Wetter beeinflusst werden. Deshalb ist es wichtig, nicht immer am selben, ruhigen Ort zu trainieren, sondern das Gelernte auch in anderen Umgebungen umzusetzen.

Motivation

Hunde sind Opportunisten. Sie wollen mit Ihrem Verhalten etwas bezwecken und daraus Vorteile ziehen. Auch das lässt sich bei der Hundeausbildung nutzen. Hier unterscheidet man die Eigenmotivation und die Fremdmotivation.

Unter Eigenmotivation wird der Hund aus innerer Antriebskraft aktiv und zieht aus dieser Tätigkeit selbst positive Erfahrungen. Es ist also ein selbstbestärkendes Verhalten. Misserfolge wirken sich hier auf den Hund besonders demotivierend aus. Bei bewegungsfreudigen Hunden kann zum Beispiel das Abrufen eigenmotivierend sein. Ein eher negatives Beispiel für die Eigenmotivation ist der Jagdtrieb des Hundes. Einem Hund, der einmal einen Jagderfolg hatte, ist nur sehr schwer das Jagen abzugewöhnen.

Unter Fremdmotivation versteht man, dass der Hund etwas tut, um mit Spielzeug oder Futter belohnt zu werden. Die Belohnungen sollten aber dosiert und gezielt eingesetzt werden, da sonst eventuell eine Übersättigung der Motivation eintreten kann oder immer höhere Motivationsreize eingesetzt werden müssen. Für die Hundeerziehung bedeutet es, dass man das Training möglichst abwechslungsreich gestalten und die verschiedenen Übungen nicht immer nach demselben Schema abspulen sollte.

Weitere ausführliche Informationen zu diesem Thema finden Sie in dem Buch „Wie Hunde lernen", auch erschienen bei Oertel+Spörer.

Die drei Säulen der Hundeerziehung

Die Erziehung eines Hundes erfolgt eigentlich immer nach dem gleichen Prinzip. Der Hund soll aufgrund eines bestimmten Zeichens oder Kommandos von seinem Hundeführer ein definiertes Verhalten zeigen, und zwar möglichst schnell und ohne in bestimmten Situationen abgelenkt zu werden. Solche Abläufe können aber nicht von heute auf morgen erlernt werden. Die richtige Verständigung zwischen Mensch und Hund, klare Signale, regelmäßige Wiederholungen und aufeinander aufbauende Übungen sind Voraussetzungen für einen Erfolg.

Wenn Sie als Hundeführer dabei bestimmte Grundprinzipien beachten, werden Sie merken, dass mit jedem Tag kleine Fortschritte zu verzeichnen sind und Sie zu dem gewünschten Erfolg – solange er den Fähigkeiten Ihres Hundes entspricht – kommen. Der erforderliche Zeitraum kann von Hund zu Hund und abhängig von dessen Veranlagung unterschiedlich sein; er hängt natürlich auch von der Anzahl der Übungseinheiten ab. Aber egal, ob Sie jeden Tag mehrere Übungseinheiten absolvieren oder auch mal eine kleine Pause dazwischen einlegen – die Säulen, auf denen eine erfolgreiche Hundeerziehung basiert, sind immer dieselben: Geduld, Konsequenz und Vertrauen.

Geduld

Üben Sie immer Geduld, wenn Sie mit Ihrem Vierbeiner arbeiten oder ihm etwas beibringen möchten. Nicht jeder Hund kann unsere „Gedanken lesen“ und sofort

Eine gewisse Ruhe und Souveränität zeichnet auch einen guten Begleithund aus.

wissen, was von ihm verlangt wird. Manche haben eine sehr schnelle Auffassungsgabe, andere brauchen ein bisschen länger. In dieser Beziehung sollten Sie auf alle Fälle auf Ihren Vierbeiner eingehen.

Verlangen Sie nicht zu viel auf einmal oder brechen womöglich noch eine Übung entnervt ab, weil Ihr Hund seine Aufgabe nicht begriffen hat. Gehen Sie dann lieber einen Schritt zurück und beenden die Übungseinheit mit einem kleinen Erfolg, auch wenn Ihr Tagesziel dabei nicht erreicht wurde. Vielleicht muss Ihr Hund erst das bisher Erlernte verarbeiten und ist noch nicht so weit, um weitere Schritte zu gehen. Oder überlegen Sie, ob es vielleicht ein Kommunikationsproblem gibt und Ihr Hund einfach nicht versteht, was Sie von ihm verlangen.

Wenn Sie bei den Erziehungsübungen selbst geduldig und ruhig sind, wird sich das auch auf Ihren Hund auswirken und er wird viel motivierter und mit mehr Freude versuchen, das von ihm erwünschte Verhalten zu zeigen.

Konsequenz

Um den Hund bei seiner Ausbildung nicht zu verwirren, sollten Sie in jeder Beziehung immer konsequent sein. Dazu gehört nicht nur, dass man immer dieselben Signale für bestimmte Aufgaben oder Übungen benutzt, sondern auch, dass man sich konsequent an bestimmte Regeln und Zeitabläufe hält, die man sich selbst festgelegt hat. Lassen Sie nicht von Ihrem Hund bestimmen, wann mit dem Arbeiten oder dem Spielen aufgehört wird, denn nur Ihnen als Rudelführer steht dieses Privileg zu. Selbstverständlich sollten Sie dabei die Konzentrationsfähigkeit und die körperliche Konstitution Ihres Hunde sowie den normalen Tagesablauf berücksichtigen. Lieber etwas kürzer arbeiten, aber dafür umso erfolgreicher die Übung beenden! Sie als Hundeführer können am besten abschätzen, auf welchem Ausbildungsstand Ihr Hund sich befindet und was Sie von ihm zum jeweiligen Zeitpunkt erwarten können. Überfordern Sie Ihren Hund nicht und stecken Sie nicht zu hohe Ziele – auch das gehört zur Konsequenz.

Vertrauen

Damit Ihr Hund eine enge Bindung zu Ihnen eingeht, die auch Voraussetzung für eine erfolgreiche Hundeerziehung ist, muss er Ihnen ein gewisses Vertrauen entgegenbringen. Aber auch Sie sollten Vertrauen zu Ihrem Vierbeiner haben.

Ein Hund ist sehr feinfühlig und kann äußerst gut wahrnehmen, was wir empfinden und was wir für eine Stimmung haben. Wenn Sie davon überzeugt sind, dass Ihr Hund gewisse Aufgaben sowieso nicht schafft, oder wenn Sie meinen, er würde heute wieder versagen oder ungehorsam sein, nur weil es beim letzten Mal der Fall war, überträgt sich dieses Gefühl auch auf Ihren Hund.

Was genau hierbei im Hundekopf abläuft, ist schwer zu erklären, aber es ist eindeutig so, dass Hunde, denen man viel zutraut und es ihnen auch emotional vermittelt, oft über Ihre Grenzen hinauswachsen und Leistungen erbringen, von denen man zuvor geglaubt hatte, dass sie es nicht schaffen. Ähnlich verhält es sich, wenn es um gewissen Ungehorsam geht. Wohl jeder Hund wird gelegentlich mal nicht so gut gehorchen, wie erwünscht, indem er vielleicht ohne Erlaubnis zu einem Artgenossen rennt oder nicht sofort beim Abrufen aus der Entfernung zu einem kommt. Vermittelt der Hundeführer aber in solchen Situationen ein sicheres, souveränes und vertrautes Gefühl, überträgt sich das auch auf den Hund und macht den Menschen in diesem Moment wesentlich interessanter für ihn. Wenn das der Fall ist, wird er viel schneller das Heranrufen befolgen, als wenn sein Mensch ungehalten, ärgerlich oder sogar ängstlich nach ihm ruft, was ihn eher dazu verleitet, sich möglichst lange seinem Einfluss zu entziehen.

Bei jeder Übungseinheit können Sie das auch im Kleinen anwenden. Motivieren Sie Ihren Hund und bauen ihn mental auf, indem Sie ihm das Gefühl vermitteln: „Ich weiß, dass du es schaffst!“ Vertrauen Sie ihm und lassen Sie ihm eine gewisse Zeit, um eine Aufgabe zu lösen (hier spielt auch wieder die Geduld eine Rolle). Wenn Sie eine gute Stimmung aufbauen, wird sich das positiv auf die gesamte Übung auswirken. Und wenn Sie dann voller Stolz und vielleicht sogar etwas Bewunderung Ihren Hund überschwänglich loben, wird ihn das umso mehr motivieren und er wird sich das nächste Mal noch mehr anstrengen.

Lob und Tadel

Ist das Lernen für den Hund immer spannend und abwechslungsreich, ist er aufmerksam und konzentriert dabei.

Hunde lernen am besten durch positive Verstärkung, also durch Lob und Belohnung für ein gewünschtes Verhalten. Einen Hund für einen Fehler oder ein unerwünschtes Verhalten zu bestrafen, mag vielleicht in dem Moment eine Wirkung erzielen, würde sich aber auf Dauer nur negativ auf die Erziehung und vor allem das notwendige Vertrauen, das der Hund zu seinen Menschen haben sollte, auswirken.

Ein liebevolles, zärtliches Ansprechen sowie ein Streicheln oder Kraulen am besten im Bereich der Ohren, am Hals und im Brustbereich oder im Gesicht sind für einen Hund ein ganz großes Lob. Tätscheln Sie aber bitte nicht auf dem Kopf Ihres Hundes herum, da Hunde dies grundsätzlich nicht so mögen und manchmal sogar als Bedrohung ansehen, wenn sich plötzlich von oben eine Hand nähert. Dieser völlig falsche Versuch, einen Hund zu streicheln, wird häufig bei Personen beobachtet, die entweder keine Hundeerfahrung oder sogar etwas Angst haben. Wenn Sie und Ihr Hund sich schon besser kennen, genügen manchmal schon ein paar leise Worte und ein liebevoller Blick, um den Hund zu loben.

Für manche Hunde ist das Spielen mit einem Spielzeug die größte Freude und motiviert sie dazu, konzentriert mit ihrem Menschen zu arbeiten.

Neben dem Lob durch Stimme und Körperkontakt ist für einen Hund die Futterbelohnung fast noch wichtiger. Mittlerweile haben viele Hundetrainer festgestellt, dass die Erziehung eines Hundes – egal ob Welpe oder erwachsener Hund – mit Futterbelohnung am besten und schnellsten zum Ergebnis führt. Und Sie brauchen keine Sorge zu haben, dass Ihr Hund später nur ein Kommando ausführt, wenn Sie ihm ein Leckerli vor die Nase halten. Mit der richtigen Methode, wie sie später noch genauer beschrieben wird, geht die Umsetzung vieler Kommandos in Fleisch und Blut Ihres Vierbeiners über, sodass er nur noch ab und zu eine Belohnung erhalten muss, um die positive Verstärkung wieder etwas aufzufrischen. Kommen neue Übungen oder Aufgaben dazu, wird das Training natürlich wieder durch Futterbelohnungen aufgebaut.

Für die positive Verstärkung sollten natürlich besonders leckere Futterstückchen verwendet werden. Je nach Vorliebe Ihres Hundes können das beispielsweise Käsewürfel, Wurststückchen, gekochtes, klein geschnittenes Hühnerfleisch oder Herz sein. Finden Sie heraus, was Ihrem Hund am besten schmeckt und wodurch er am besten zu motivieren ist.

Eine weitere Möglichkeit, den Hund für bestimmte Aufgaben zu motivieren oder zu belohnen, ist das Spielen mit einem Spielzeug. Allerdings wirkt diese Motivation nicht bei allen Hunden gleich. Für manche ist das Spielen die größte Freude, für manche wird es dagegen schnell langweilig. Daher sollte diese Methode richtig angewendet werden. Wie das am besten funktioniert, wird später näher beschrieben.

Das richtige Timing

Bei der Hundeerziehung ist das richtige Timing sehr wichtig. Jede Bestätigung und jedes Lob sollten für den Hund unmittelbar mit der jeweiligen Situation zu verknüpfen sein. Wenn zwischen der gewünschten Handlung und dem Lob oder der Belohnung mehr als zwei bis drei Sekunden liegen, kann es sein, dass der Hund gar nicht mehr richtig weiß, wofür er nun eigentlich belohnt wurde.

Sobald Ihr Hund also ein Kommando richtig umgesetzt hat, loben Sie ihn sofort und geben ihm ein Belohnungshäppchen. Das Leckerli sollten Sie hierfür schon in der Hand haben, damit Sie nicht erst lange in Ihrer Tasche kramen müssen. Sehr quirlige Hunde darf man nicht zu überschwänglich loben, damit sie nicht gleich vor Freude wieder „aufdrehen", denn sie sollen sich ja noch weiter konzentrieren. Handelt es sich aber um einen zurückhaltenden, schüchternen oder wenig selbstbewussten Hund, kann das Loben schon mit etwas mehr Aufmunterung erfolgen, um den Hund weiter zu motivieren.

Bei besonders guter Leistung oder wenn Ihr Hund noch mehr motiviert werden muss, können Sie ihm auch mehrere Leckerli hintereinander geben.

In die Schranken weisen

Im Idealfall sollte man bei der Hundeerziehung ohne Tadel auskommen, da durch vorausschauendes Handeln viele unerwünschte Verhaltensweisen beim Hund vermieden werden können. Nicht korrektes oder falsches Ausführen von Kommandos oder unterwünschtes Verhalten wird einfach ignoriert. Aber auch wir Menschen sind nicht perfekt oder unterliegen gewissen Stimmungsschwankungen, sodass es im Alltag durchaus mal vorkommt, dass wir unseren Vierbeiner in die Schranken weisen müssen. Hier sei ganz klar darauf hingewiesen, dass Schläge jeglicher Art absolut nicht akzeptabel sind. Kein Hund würde seinen Artgenossen schlagen, wenn er sich danebenbenimmt. Ebenso gehört das Nackenschütteln nicht zu den Erziehungsmethoden in einem Hunderudel.

WICHTIG!

Für alle Erziehungsübungen gilt, dass erwünschtes Verhalten mit Lob und/oder Leckerli verstärkt, unerwünschtes Verhalten dagegen einfach ignoriert wird. Denn es ist wesentlich schlimmer für einen Hund, nicht beachtet zu werden, als wenn er geschimpft oder gar körperlich gemaßregelt wird, wenn er etwas Verbotenes getan hat. Denn in diesem Moment beschäftigen Sie sich mit ihm, was von dem Vierbeiner als Zuwendung und somit positive Verstärkung interpretiert werden kann.

Üblich und für den Welpen eher zu verstehen, wenn er durch seine Mutter und seine Geschwister das arttypische Verhalten gelernt hat, sind zum Beispiel das Über-die-Schnauze-Greifen oder das angedeutete Wegbeißen, indem kurz vor dem Gegenüber in die Luft geschnappt wird.

Da es für uns Menschen häufig schwierig ist, im richtigen Moment auf Hundeart zu reagieren, sollte man sich besser auf das akustische Tadeln beschränken. Auch hier ist das richtige Timing wichtig, damit der Hund den Tadel mit dem entsprechenden Verhalten verknüpft. Ein strenges Verbotswort wie zum Beispiel „Nein“ in einem etwas lauteren Tonfall als sonst üblich reicht bei den meisten Hunden durchaus, um sie von ihrem unerwünschten Verhalten abzubringen und etwas einzuschüchtern. Führen Sie anschließend mit Ihrem Hund eine kleine, einfache Übung durch, für die er sofort wieder gelobt wird, und er wird sehr schnell lernen, was erlaubt ist und was nicht erwünscht ist.

Bindung aufbauen

Eine enge Bindung zwischen Mensch und Hund sowie Vertrauen sind wichtige Voraussetzungen für eine harmonische Beziehung und auch die Grundlage für die Entwicklung zu einem zuverlässigen, angenehmen Begleithund. Zum Aufbauen dieser Verbindung gehören nicht nur spannende Spiele und regelmäßige

Körperlicher Kontakt und liebevolle Zuwendung sind wichtige Voraussetzungen für eine enge Bindung.

Erziehungsübungen. Auch der allgemeine, tägliche Umgang mit dem Hund und vor allem viel körperlicher Kontakt sind hierfür ein wichtiger Bestandteil. Der gegenseitige körperliche Kontakt ist für alle Hunde wichtig, wie man es ständig beobachten kann, wenn sich Hunde begegnen, zusammen spielen oder miteinander leben und sich so manchen Schlafplatz teilen.

Kontaktliegen

Da wir Menschen für unsere Hunde in der Regel die wichtigste Bezugsperson sind, sollte auch hier der körperliche Kontakt unterstützt und gefördert werden. Am wichtigsten hierbei ist das sogenannte Kontaktliegen. Die beste Zeit dafür ist in einer ruhigen Stunde am Abend, wenn der Vierbeiner satt, müde und nach einem erlebnisreichen Tag zufrieden zur Ruhe kommt. Nehmen Sie dann Ihren Welpen auf den Schoß oder lassen ihn direkt auf Ihrem Bauch liegen. Er wird es genießen und bald einschlafen. Ein erwachsener Hund wird es Ihnen mitteilen, ob er Körperkontakt möchte oder nicht. Auch ihm sollten Sie es nicht verwehren.

Wenn Sie nicht möchten, dass Ihr Hund mit Ihnen auf dem Sofa liegt, legen Sie sich für eine Weile zu ihm auf den Teppich, damit er trotzdem den engen Kontakt zu Ihnen spürt.

Dieses Kontaktliegen sollte bei einem Welpen schon vom ersten Tag an erfolgen, weil es erheblich zur Entstehung einer intensiven Bindung beiträgt und das Vertrauensverhältnis zwischen Mensch und Hund aufbaut. Beim Kontaktliegen können Sie Ihren Welpen auch gleich daran gewöhnen, dass er sich auf den Rücken drehen und an allen Körperteilen anfassen lässt, indem Sie ihn überall sanft streicheln. Dies kann beispielsweise für eine spätere Untersuchung beim Tierarzt oder die regelmäßig erforderliche Körper- und Fellpflege hilfreich sein.

Die richtigen Signale

Setzen Sie bei der Hundeerziehung nicht nur Ihre Stimme, sondern auch Ihre Körpersprache und Mimik ein. Denn für Hunde spielt außer der geruchlichen Wahrnehmung bei der Kommunikation mit Artgenossen vor allem die Körpersprache eine wichtige Rolle.

Die Stimme

Sprechen Sie von Anfang an mit Ihrem Hund sehr leise oder flüstern Sie sogar mit ihm. Er wird umso mehr bemüht sein, Sie zu verstehen. Unterhalten Sie sich wirklich einmal ganz leise mit Ihrem Hund, wobei es auf den Inhalt Ihrer Worte überhaupt nicht ankommt, da der Hund den Inhalt sowieso nicht versteht. Er spürt lediglich, ob Sie es gut oder nicht gut mit ihm meinen. Sie können einem

Körpersprache, Mimik sowie enger Kontakt fördern die Bindung und die Kommunikation zwischen Hund und Mensch.

Hund zum Beispiel in einem ganz leisen und liebevollen Ton erzählen, dass er doch ein „ganz schrecklicher Hund“ sei und dass Sie jetzt überhaupt keine Lust haben, mit ihm zu spielen. Ihr Hund wird sich sicherlich über Ihre freundlichen Worte freuen. Hingegen können Sie ihm in einem ärgerlichen, harten Ton versichern, dass er ein „ganz lieber Hund“ sei und dass Sie ihn „ganz toll“ finden. Er wird ihrem Blick ausweichen und sich unverstanden und getadelt fühlen.

Sparen Sie Ihre Stimmreserve für Momente auf, wenn Sie draußen den Hund aus größerer Entfernung abrufen oder ihm aus der Ferne bestimmte Kommandos mitteilen wollen. Sie werden auch automatisch Ihre Stimme anheben, wenn der Hund etwas angestellt hat oder unterwünschtes Verhalten zeigt. Auch Menschen haben Emotionen und Stimmungen. So ist es einfach menschlich, dass wir manchmal wütend werden. Hier sollten Sie versuchen, Ihren Ärger in Grenzen zu halten. Außerdem werden Sie sehen, auch bei uns Menschen verfliegt der Ärger recht schnell.

Seien Sie nicht übertrieben zornig oder versuchen Sie gar, Ihren Hund zu bestrafen. Ein strenger Blick und ein deutlicher Tadel reichen völlig aus. Am besten ist es, wenn Sie so ruhig wie möglich bleiben, nicht weiter auf das unerwünschte Verhalten des Hundes eingehen und ihn ohne Worte anleinen und weitergehen oder ihn im Haus für einige Zeit nicht beachten, bis der Zorn verflogen ist. Ignoriert zu werden ist ohnehin eine der größten Strafen für einen Hund. Und sobald Sie sich wieder mit ihm beschäftigen, wird er völlig dankbar versuchen, alles richtig zu machen.

Mimik und Körpersprache

Beim Zusammenspiel von Mimik, Körpersprache und Stimme ist auch zu beachten, dass alles zusammenpasst. Beispielsweise stellt es für den Hund eine physische Bedrohung dar, wenn Sie sich mit total angespannter, aufrechter Körperhaltung über ihn beugen, weil er gerade auf Ihr Kommando hin artig „Sitz“ gemacht hat, und ihn nur mit monotoner Stimme loben. Der Hund wird das nicht als Lob empfinden und versteht Sie somit falsch. Er wird Ihre Reaktion eher als Bedrohung deuten und beim nächsten Kommando „Sitz“ irritiert sein. Achten Sie also immer darauf, dass Sie sich sowohl verbal als auch mittels Körpersprache so ausdrücken, dass Ihr Vierbeiner Sie richtig versteht.

Nicht nur für uns Menschen ist Lächeln sehr wichtig. Auch Hunde begreifen sehr schnell, dass es etwas Positives ist, wenn ihr Mensch sie anlächelt. Hat Ihr Hund schon eine enge Bindung zu Ihnen, wird er bei Übungen oder im Spiel häufig zu Ihnen schauen und auf Ihre Mimik achten. Denken Sie also daran, dass Sie Ihren Hund immer freundlich anschauen oder anlächeln – aber ohne die Zähne zu zeigen –, wenn er sich konzentriert, eine Übung mit viel Eifer durchführt oder erfolgreich eine Aufgabe erledigt hat. Ein freundliches Lächeln kann für ihn schon eine Belohnung und positive Verstärkung sein.

Sollte er sich nicht richtig verhalten oder etwas falsch machen, schauen Sie nicht böse, sondern nehmen Sie einen neutralen Gesichtsausdruck an, bis der nächste Erfolg mit einem Lächeln belohnt wird.

Die wichtigsten Kommandos

Bevor Sie mit der Erziehung Ihres Vierbeiners beginnen, überlegen Sie genau, was Ihr Hund darf und was er auch später nicht tun soll. Verstärken Sie von Anfang an erwünschtes Verhalten und unterbinden Sie konsequent unerwünschte Verhaltensweisen.

Klären Sie bei der Anschaffung Ihres Hundes mit allen Familienmitgliedern ab, wer in der Familie für welche Aufgaben wie Füttern, Fellpflege, Erziehung, Gassigehen usw. zuständig ist. Sorgen Sie dafür, dass sich Ihr Vierbeiner an einen gleichmäßigen Tagesablauf gewöhnt. Hunde sind Gewohnheitstiere und je regelmäßiger bestimmte Aktivitäten erfolgen, umso schneller gewöhnen sie sich daran und umso leichter gehen die gewünschten Verhaltensweisen in Fleisch und Blut über.

Hörzeichen mit Stimme

Für die Hundeerziehung sind eine Reihe von Kommandos erforderlich, die das ganze Hundeleben lang täglich angewendet werden. Legen Sie daher von Anfang an fest, welche Kommandos für bestimmte Aufgaben und Übungen verwendet werden sollen. Halten Sie sich konsequent daran und sorgen Sie auch dafür, dass alle Familienmitglieder oder andere Personen, die sich mit dem Hund beschäftigen, dieselben Kommandos verwenden. Denn nichts ist verwirrender, als wenn der Hund auf ständig wechselnde Kommandos mit demselben Verhalten reagieren soll.

WICHTIG!

Für die gezielte Ausbildung zur Begleithundprüfung werden in der Regel die hierfür klassischen Kommandos „Sitz“, „Platz“, „Fuß“ sowie „Hier“ oder der Hundename verwendet. Deren Umsetzung wird im entsprechenden Kapitel zur Begleithundausbildung näher beschrieben.

Wählen Sie kurze Kommandos, die sie immer und in jeder Situation gleich anwenden, und verwenden Sie für die Kommandos nicht unnötige Füllwörter. So rufen Sie zum Beispiel besser kurz „Hierher“ als zu sagen „Würdest du mal hierher kommen“ oder sagen Sie einfach kurz „Aus“ statt „Gib sofort den Ball her“.

Erst wenn ein Hund schon länger bei Ihnen lebt und Sie beide ein eingespieltes Team sind, wird er auch andere Sätze oder alternative Kommandos von Ihnen verstehen, da er sich schon auf Ihre Sprachgewohnheiten eingestellt hat und außerdem aufgrund Ihrer Mimik und Körpersprache genau weiß, was Sie möchten. Die Grunderziehung sollte aber immer mit klaren, eindeutigen und kurzen Kommandos erfolgen.

Hier werden erst einmal die wichtigsten Kommandos vorgestellt, die jeder Hund zu Hause und im normalen Alltag beherrschen sollte. Welche Wortwahl Sie bei diesen Kommandos treffen, ist Ihnen selbst überlassen. Hauptsache ist, die Begriffe werden konsequent benutzt und hören sich nicht zu ähnlich an, damit der Hund sie nicht verwechselt. So können Sie auch Begriffe aus anderen Sprachen oder selbst ausgedachte Fantasieworte verwenden.

Beispiele für die Kommandos im Alltag

Kommandobeispiele	*Erwünschtes Verhalten*
Hierher/Komm/Zu mir	*Der Hund soll auf direktem Weg zu Ihnen kommen.*
Nein/Lass das	*Egal, was der Hund gerade tut, er soll es sein lassen.*
Aus/Gib her	*Der Hund soll den Gegenstand, den er gerade im Fang hat, abgeben.*
Mach Pi/Mach Häufchen	*Der Hund soll sich lösen.*
Geh Körbchen/ Geh schlafen/Geh Decke	*Der Hund soll auf seinen Schlafplatz gehen.*

Kommandobeispiele	*Erwünschtes Verhalten*
Warte	*Der Hund soll vor der Tür oder im Auto warten, bis er auf Kommando hinausgehen oder aussteigen darf.*
Bleib	*Der Hund soll dort, wo er sich gerade befindet, bleiben.*
Hopp/Spring/Jump	*Der Hund soll ins oder aus dem Auto springen.*
Brav/Gut/Toll/Super	*Der Hund macht etwas richtig und wird gelobt.*
Ruhig/Still	*Der Hund soll aufhören zu bellen oder sich beruhigen.*
Bleib hier/Bei mir	*Der Hund soll in Ihrer Nähe bleiben.*

Dies sind nur einige Beispiele für Kommandos, die Sie im normalen Alltag bei Ihrem Hund anwenden können, wobei man der Liste immer wieder etwas hinzufügen kann, um für jede passende Situation und das erwünschte Verhalten vom Hund ein entsprechendes Kommando auszuwählen. So werden Sie vermutlich noch eine Reihe weiterer Kommandos einsetzen, wenn Ihr Hund Sie am Fahrrad oder beim Reiten begleitet. Und wenn Sie mit ihm bestimmte Sportarten ausüben wollen, kommen dann noch spezielle Kommandos zum Beispiel für die verschiedenen Hindernisse dazu. Der Wortschatz, dessen Bedeutung ein Hund erlernt, ist größer, als die meisten glauben. Unterschätzen Sie dabei nicht Ihren Vierbeiner!

Hörzeichen mit Hundepfeife

Besonders für Unternehmungen draußen in freier Natur bietet sich auch der Einsatz von Hundepfeifen an. Hierbei sind nicht die Pfeifen gemeint, die Töne in einem Frequenzbereich erzeugen, der von uns Menschen nicht mehr gehört wird, sondern solche, die besonders im Jagdhundebereich eingesetzt werden. Sie lassen sich auch problemlos bei allen anderen Hunden verwenden und haben sich bewährt. Mit ihnen werden die drei wichtigsten Hörzeichen vermittelt: ein kurzer Doppelpfiff für das „Hier“, ein einzelner Pfiff für das „Sitz“ und ein lauter Triller für das „Platz“. Mit diesen drei einfachen Kommandos können Sie nach erfolgreicher Ausbildung Ihren Hund überall kontrollieren und auch aus großen Entfernungen heranrufen oder sitzen bzw. ablegen lassen. Das ist wesentlich angenehmer, als mit lauter Stimme hinter seinem Hund herzurufen. Für die Begleithundausbildung und die spätere Prüfung muss er natürlich die richtigen stimmlichen Kommandos, wie sie später noch beschrieben werden, auch beherrschen. Wollen Sie also in der Freizeit die Pfeifsignale verwenden, sollten Sie beides antrainieren.

Sichtzeichen

Da der Hund nicht nur auf unsere Stimme, sondern ganz besonders auch auf unsere Körpersprache achtet, ist es äußerst sinnvoll und vor allem praktisch, bei der Erziehung und Ausbildung auch bestimmte Sichtzeichen zu verwenden. So können Sie auch aus weiter Entfernung auf den Hund einwirken, ohne laut rufen zu müssen. Sobald er zu Ihnen schaut, kann er auch aus größerer Distanz die einzelnen Sichtzeichen genau erkennen.

In Form von Sichtzeichen lassen sich natürlich nicht so viele verschiedene Kommandos vermitteln wie durch die Stimme. Somit bieten sich die Sichtzeichen besonders für die häufigsten Grundkommandos wie „Sitz“, „Platz“, „Bleib“ und „Fuß“ an. Manche Kommandos wären wiederum ohne Sichtzeichen gar nicht möglich, wie zum Beispiel die Richtungsweisung in einem Agility-Parcours oder bei einem Spaziergang, wenn an einer Weggabelung der Hund zu Ihnen schaut und wissen möchte, in welche Richtung Sie Ihren Weg fortsetzen.

Ganz ohne Hörzeichen ist die Erziehung eines Hundes sehr schwierig, obwohl es bei tauben Hunden durchaus möglich ist. Aber die zusätzliche Verwendung von Sichtzeichen ist in den verschiedensten Situationen immer von Vorteil und erleichtert dem Hund auch so manches Mal die Umsetzung bestimmter Kommandos.

KEINE SICHTZEICHEN BEI DER BEGLEITHUNDPRÜFUNG!

Hier sei gleich darauf hingewiesen, dass Sie bei einer Begleithundprüfung Ihren Hund nur mit Hörzeichen führen dürfen. In den Sportarten wie Agility und bei bestimmten Übungen im Turnierhundesport oder Obedience sind dagegen Sichtzeichen und/oder Hörzeichen erlaubt. Somit ist es sogar empfehlenswert, Ihren Hund schon frühzeitig auch mit Sichtzeichen zu trainieren, wenn Sie später vielleicht hundesportliche Ambitionen haben.

Das Angenehme an einem Hund, der auf Sichtzeichen reagiert, ist die Tatsache, dass man oft überhaupt kein stimmliches Kommando benötigt, um den Hund zum Beispiel zum Sitzen oder Hinlegen aufzufordern. Das hinterlässt einen besonders guten Eindruck, wenn man mit anderen und vor allem fremden Personen zusammen ist. Denn reagiert Ihr Hund ohne viel Worte auf die kleinsten Handzeichen, ist jeder davon überzeugt, dass es sich um einen gut erzogenen Begleithund handelt, und Sie sind überall gern gesehen. Muss der Hund dagegen mit womöglich noch lauter Stimme und mehrmals zu etwas aufgefordert werden, hinterlässt das häufig einen schlechteren Eindruck.

Im Prinzip können Sie bei der Erziehung Ihres Hundes Sichtzeichen so auswählen, wie Sie es möchten. Allerdings haben sich für bestimmte Kommandos gewisse Sichtzeichen bewährt und werden in der Regel in dieser Form, wie sie hier beschrieben werden, verwendet.

Grundkommandos als Sicht- und Hörzeichen

Hörzeichen	*Sichtzeichen*	*Erwünschtes Verhalten*
„Sitz“	*Erhobener Zeigefinger*	*Der Hund setzt sich hin.*
„Platz“	*Offene Handfläche nach unten halten*	*Der Hund legt sich hin.*
„Bleib“	*Offene Handfläche nach vorn zeigen*	*Der Hund bleibt, wo er ist.*
„Fuß“	*Linke Hand klopft auf linken Oberschenkel*	*Der Hund läuft links bei Fuß.*

Der erhobene Zeigefinger als Sichtzeichen für Sitz ist eines der am häufigsten verwendeten Sichtzeichen und wird von jedem Hund sehr schnell verstanden.

Sichtzeichen für Sitz

Ein erhobener Zeigefinger der vor den Körper gehaltenen Hand ist das Zeichen für Sitz. Wenn Ihr Hund schon das Sitzkommando beherrscht, halten Sie den Finger gleichzeitig hoch und loben Ihren Hund sofort, sobald er sich hingesetzt hat. Schon nach wenigen Übungen wird er dieses Sichtzeichen kennen und sicher darauf reagieren.

Wie das Anlernen der Sitzübung erfolgt, finden Sie im Kapitel „Vorübungen für die spätere Ausbildung“.

Sichtzeichen für Platz

Das Sichtzeichen für Platz ist die mit der offenen Handfläche nach unten gehaltene Hand. Mit der Platzübung sollte erst begonnen werden, wenn Ihr Hund das Sitz gut beherrscht. Die Platzübung kann aus der Sitzposition oder aus dem Stehen heraus durchgeführt werden. Wie es funktioniert, finden Sie im Kapitel „Vorübungen für die spätere Ausbildung“.

Sichtzeichen für Bleib

Die ausgestreckte, aber senkrecht gehaltene Hand kann als Sichtzeichen für Bleib verwendet werden. Hierbei spielt es keine Rolle, ob der Hund steht, sitzt oder liegt. Nach diesem Zeichen soll er einfach dort bleiben, wo er sich gerade befindet. Das Kommando „Bleib" ist im Alltag sehr wichtig, wenn der Hund frei laufen darf. So ist es zum Beispiel besonders sinnvoll, wenn sich der Hund auf der anderen Seite eines Weges befindet und sich plötzlich ein Fahrzeug, ein Fahrradfahrer, ein Jogger usw. nähert.

Das Kommando „Bleib" mit dem passenden Sichtzeichen können Sie schon zu Hause in den verschiedensten Situationen üben. Liegt Ihr Hund zum Beispiel auf seiner Decke, beobachtet Sie aber genau und würde Ihnen sofort gern folgen, sagen Sie das Kommando und heben die Hand als Sichtzeichen, während Sie sich langsam entfernen. Am Anfang reichen schon ein paar Sekunden. Ist er brav liegen geblieben, gehen Sie sofort zurück und loben ihn, aber nicht zu stürmisch. Führen Sie diese Übungen immer mal wieder durch, wobei Sie die Entfernung zu Ihrem Hund allmählich vergrößern. Wird der Hund unruhig und bleibt nicht an seinem Platz, verkürzen Sie wieder die Entfernung, bis die Übung gut klappt. Später können Sie das „Bleib" auch im Garten üben und schließlich draußen beim Spaziergang, wenn Sie Ihren Hund mal auf einer Wiese sitzen oder ablegen lassen wollen. Die Krönung dieser Übung ist

Das Sichtzeichen für Platz ist in allen Lebenslagen sehr hilfreich und eindeutig zu erkennen.

Die erhobene Hand für Bleib kann der Hund auch aus großer Entfernung gut erkennen und ist für die Kontrolle auf Distanz sehr wichtig.

Fast automatisch verwendet man häufig das Sichtzeichen Fuß und kann es auch gezielt einsetzen.

eine Situation, in der Ihr Hund – auch unter Ablenkung – auf seinem Platz sitzen oder liegen bleibt, während Sie außer Sicht gehen, und erst wieder aufsteht, wenn Sie zurückkehren und ihn abrufen oder abholen.

Sichtzeichen für Fuß

Auch für das Bei-Fuß-Gehen kann ein Sichtzeichen antrainiert werden. Hierfür klopfen Sie einfach mit der linken Hand kurz auf Ihren linken Oberschenkel. Diese Übung können Sie zunächst mit Leine durchführen. Der Hund wird sofort bestätigt, sobald er einige Schritte in der richtigen Position gelaufen ist. Wenn er Sicht- und Hörzeichen richtig umsetzt, können Sie die Übung auch ohne Leine durchführen. Später reicht dann ein Klopfen auf den Oberschenkel aus, um den Hund in die Fuß-Position zu bringen. Genaueres zum Thema Fußarbeit finden Sie unter „Gezielte Ausbildung für die Begleithundprüfung".

Auflösen von Kommandos

Ein Kommando, auf das der Hund die gewünschte Verhaltensweise zeigt, muss vom Hundeführer auch wieder aufgelöst werden. Das heißt, der Hund hat so lange das Kommando durchzuführen, bis ein neues Kommando kommt oder er freigegeben wird und sich bewegen kann, wie er möchte. Wenn Sie auf diese Regel nicht konsequent achten, wird Ihr Hund irgendwann selbst entscheiden, wann er zum Beispiel aus dem Sitz wieder aufsteht oder aus der Fuß-Position nach vorn läuft, da es für ihn ja keine Konsequenzen hat. Welches Auflösekommando Sie wählen, bleibt Ihnen selbst überlassen. Es kann ein „Nun lauf" oder etwas Ähnliches sein oder auch ein Sichtzeichen, indem Sie zum Beispiel mit einer Hand nach vorn zeigen. Auch bei der Begleithundausbildung ist ein Auflösekommando wichtig, wie später beschrieben wird.

Der Name – das Zauberwort

Erstaunlicherweise lernt jeder Hund seinen Namen schnell kennen, obwohl er nicht ständig ein positives Erlebnis damit verbindet. Dennoch merkt er schon nach kurzer Zeit, dass Sie ein bestimmtes Wort immer wieder benutzen, wenn Sie Kontakt mit ihm aufnehmen. Und so verbindet der Hund dieses Wort – also seinen Namen – mit sich und weiß, dass er gemeint ist.

Den Züchtern gelingt es in der Regel nicht, jeden einzelnen Welpen an seinen eigenen Namen zu gewöhnten, da dies einerseits bei einem größeren Wurf kaum möglich ist und andererseits die Namen bis zur endgültigen Abgabe häufig noch gar nicht feststehen.

Gewöhnen Sie also in den ersten Tagen Ihren Welpen erst einmal liebevoll mit freundlicher Stimme an seinen Namen. Wenn Sie sich einen erwachsenen Hund angeschafft haben, bleiben Sie, wenn möglich, bei dem bereits verwendeten Namen oder wählen Sie einen phonetisch ähnlichen Namen aus. Falls Sie Ihren Hund „komplett“ umbenennen wollen, gehen Sie schrittweise vor, indem Sie anfänglich den bereits bekannten Namen mit dem neu gewählten kombinieren. Machen Sie zum Beispiel aus „Arko“ ein paar Wochen lang einen „Arko-Bobby“ und lassen dann allmählich „Arko“ weg, bis der Hund schließlich „Bobby“ heißt.

Wählen Sie vorzugsweise zweisilbige Namen, da sie sich gut rufen lassen und klar zu erkennen sind. Einsilbige Namen können mit anderen Kommandos verwechselt werden und ähneln sich häufig. Vermeiden Sie auch sehr lange und hart klingende Namen, da sie sich schlecht rufen lassen und man dazu neigt, sie im Alltag ständig abzuändern oder zu kürzen, was den Hund nur unnötig verwirren könnte.

Missbrauchen Sie nie den Namen Ihres Hundes, um ihn von einer geplanten, unerwünschten Tat abzuhalten. Versucht Ihr Welpe zum Beispiel, ein Kabel anzuknabbern, rufen Sie nicht streng seinen Namen, da der Hund dann etwas Negatives mit seinem Zauberwort, dem Namen, verbindet und mit der Zeit dann nicht mehr auf den Namen regiert. Verwenden Sie lieber ein dafür sinnvolles Kommando wie „Nein“ oder „Lass das“.

Erwähnen Sie den Namen Ihres Hundes häufig in allen erdenklichen Situationen. Liegt er entspannt auf Ihren Füßen, sitzt er einfach mal so neben Ihnen, liegt er auf seiner Decke, schaut er Sie liebevoll an oder kommt er freudig auf Sie zugelaufen, verwenden Sie seinen Namen in Verbindung mit einem lobenden, sanften Wort oder einer Streicheleinheit. Das wird Ihr Vierbeiner als ganz toll empfinden und auch mit seinem Namen nur etwas Positives verbinden.

Spielen fördert Vertrauen

Spielen macht nicht nur Spaß, sondern festigt auch die Bindung zwischen Mensch und Hund und sorgt für das erforderliche Vertrauen. Außerdem stellt es für Sie und Ihren Hund einen sehr wichtigen Lernprozess dar. Sie lernen gemeinsam mit und von Ihrem Hund und er durch Sie Ihre Spielregeln kennen.

Spielen Sie viel mit Ihrem kleinen und auch Ihrem erwachsenen Vierbeiner und fordern ihn auch von sich aus hierzu auf, wenn er nicht gerade seine Ruhe braucht. Versuchen Sie, so viel wie möglich ohne Gegenstände mit Ihrem Hund zu spielen. Denn wenn Sie zwei Hunde beobachten, die miteinander spielen, werden Sie feststellen, dass sie hierfür in der Regel ausschließlich ihren Körper benutzen. Und noch etwas ist wichtig: Hunde spielen auf einer Höhe miteinander. Also begeben Sie sich auf den Boden, um mit Ihrem Vierbeiner nach Hundeart spielen zu können.

Eine Spielaufforderung kann so aussehen, dass Sie zunächst Ihren Hund – wenn er gerade wach ist – beim Namen rufen, sich zu ihm auf den Boden begeben und anschließend ausgiebig spielen und ihn dabei gewinnen und verlieren lassen. Knuddeln und streicheln Sie ihn zwischendurch, was er besonders gern mögen wird. Schließlich beenden Sie auch wieder das Spiel, am besten, wenn es am schönsten ist, und nicht erst, wenn der Hund schon müde oder gelangweilt ist.

Spannende Spiele wie hier das Suchen eines Apportels fordern Körper und Geist des Hundes.

Gehen Sie nicht ausschließlich nur auf das Spielen ein, wenn Ihr Hund es möchte. In einem Rudel bestimmt jeweils der ranghöhere Hund, wann, wo und wie lange gespielt wird! Bei einem normal veranlagten Hund macht es zwar nichts aus, wenn Sie hin und wieder auf ein Spiel eingehen, wenn er es einklagt. Haben Sie jedoch einen mehr oder weniger dominanten Hund, dann ist es besser, wenn Sie stets das Spiel beginnen und beenden.

Spielen Sie bewusst mit Ihrem Vierbeiner und nutzen Sie so seine natürlichen Veranlagungen wie Neugierde, Erkunden, Nachahmen, Schnüffeln sowie

Apportieren aus. Das entspricht der Natur des Hundes. Ersetzen Sie ihm seine eventuell nicht mehr vorhandenen Wurfgeschwister oder Rudelmitglieder, denn Sie sind jetzt das neue Rudel!

Verstecken Sie sich regelmäßig irgendwo im Haus und lassen ihn Sie suchen und finden. Oder legen Sie mal eine kleine Schleppe mit Käse- oder Wurststückchen auf einem unempfindlichen Boden oder im Garten und lassen anschließend Ihren Hund die Spur absuchen. Am Ende wartet dann natürlich ein großes Stück Käse oder Wurst als Belohnung auf ihn. Bei solchen Übungen wird Ihr Hund spielerisch gefordert und lernt dabei, seine Sinne sinnvoll einzusetzen.

WICHTIG!

Auch wer einen erwachsenen Hund hat, sollte regelmäßig mit ihm spielen. Im Spiel spürt der Hund Ihre Zuneigung, genießt, dass Sie sich mit ihm beschäftigen, wird gefordert und Ihre gegenseitige Bindung bleibt gefestigt – egal wie jung oder alt der Hund ist.

Beißhemmung will gelernt sein

Früher wurde angenommen, die Beißhemmung sei bei einem Hund angeboren. Heute weiß man jedoch, dass auch sie erlernt werden muss, und zwar noch, bevor der Zahnwechsel abgeschlossen ist.

Am besten lernt Ihr Welpe das beim gemeinsamen Spielen, wobei es bei Welpen und Junghunden durchaus vorkommt, dass sie zu wild werden und mit ihren spitzen Milchzähnen zu fest zubeißen. Um Ihrem kleinen Racker beizubringen, dass dieses Verhalten nicht erwünscht ist, reagieren Sie ähnlich, wie es seine Artgenossen tun würden, die plötzlich laut fiepen und dann ihren Spielpartner links liegen lassen. Äußern Sie also jedes Mal, wenn Ihr Hund zu fest zubeißt, in heller Tonlage ein „Aua“ oder ein „Nein“, unterbrechen sofort das Spiel und wenden sich ab. Verdutzt wird Ihr Welpe Sie anschauen und schnell begreifen, dass es gar nicht lustig ist, wenn er zu wüst wird, weil dann das schöne Spiel beendet wird.

Lässt Ihr Vierbeiner aufgrund Ihres „Fiepens“ nicht sofort los, wenden Sie den auch unter Hunden üblichen Schnauzengriff an, indem Sie mit der Hand kurz und energisch über seinen Fang greifen. Dieser Griff wird auch als Dominanzgriff bezeichnet. Mit diesem Griff können Sie übrigens auch Ihren Hund dazu bringen, etwas aus seinem Fang abzugeben, falls er es nicht freiwillig tut.

Nach einer kurzen Unterbrechung wenden Sie sich Ihrem Welpen erneut zu und fordern ihn freundlich auf weiterzuspielen. Bleibt er angemessen zärtlich, loben Sie ihn gebührend. Durch diese Vorgehensweise lehren Sie ihn gleich mehrere wichtige Lektionen: dass man mit Beißen und Zwicken keine Aufmerksamkeit erhalten kann und dass allein Sie als Rudelführer das Kommando zum Anfangen oder Beenden einer gemeinsamen Unternehmung geben.

Übrigens fördert das Füttern mit leckeren Belohnungshappen aus der Hand auch die Beißhemmung, da der Welpe auf diese Weise den sanften Umgang mit der menschlichen Hand lernt. Geben Sie den Leckerbissen nur frei, wenn ihn der Hund vorsichtig und langsam aufnehmen will. Ist er zu wüst, halten Sie die Handfläche vor die Nase des Hundes und warten Sie, bis er sich beruhigt und langsam danach mit der Schnauze greift.

Auch Beschwichtigen gehört dazu

Zuletzt sei noch kurz auf die so häufig erwähnte Beschwichtigung unserer Hunde eingegangen. Nachdem sich vor Jahren die Kenntnisse über Beschwichtigungssignale in der Hundeszene wie ein Lauffeuer verbreitet haben, wird heute bei der Hundeausbildung häufig darauf geachtet, ob der Hund im Training Beschwichtigungssignale zeigt. Denn viele sind der Meinung, ein Hund, der sich einmal über die Schnauze leckt, gähnt oder seine Augen zusammenkneift, würde damit ausschließlich beschwichtigen wollen, weil er völlig gestresst oder überfordert sei.

Zu Ihrer Beruhigung: Beschwichtigungssignale sind völlig normale Verhaltensweisen, die vor allem beim Sozialkontakt eine wichtige Rolle spielen, um Konflikte zu vermeiden, und können auch ein Zeichen für Unsicherheit sein. Sie sind sehr häufig zu beobachten, wenn sich mehrere Hunde begegnen. Und ebenso wie gegenüber Artgenossen treten die teils schon ritualisierten Beschwichtigungssignale auch auf, wenn Ihr Hund mit Ihnen kommunizieren will. Das heißt aber nicht, dass Sie Ihren Hund total überfordert oder selbst grobe Fehler in der Hundeausbildung gemacht haben, wenn Sie diese Signale gelegentlich während des Trainings beobachten können.

WICHTIG!

Wenn Sie Ihren Vierbeiner gut kennen und eine enge Bindung aufgebaut haben, sollten Sie auch ohne solche Signale erkennen, ob er überfordert, überanstrengt oder einfach zu müde bzw. unkonzentriert ist. Beenden Sie dann die Trainingseinheit mit einer einfachen Übung, die auf alle Fälle klappt, mit anschließendem Loben und stecken Sie die Ziele beim nächsten Mal etwas tiefer. Denn die Erziehung und Ausbildung des Hundes sollen Mensch und Hund Freude bereiten und eine angenehme Freizeitbeschäftigung sein.

Wer seinen Hund genau beobachtet, wird häufig sogenannte Beschwichtigungssignale erkennen. Sie bedeuten aber nicht immer, dass der Hund übermäßig gestresst oder überfordert ist.

Bei der Hundeausbildung ist zum Beispiel häufig zu sehen, dass die Hunde den Kopf kurz abwenden, wenn sie in einer bestimmten Position verharren mussten und nach einer gewissen Zeit ihr Hundeführer wieder auf sie zukommt, um dieses Kommando aufzulösen. Es ist einfach eine natürliche Reaktion, dass ein Hund, auf den jemand zugeht, versucht auszuweichen. Da der gut erzogene Hund aber gelernt hat, dass er sitzen oder liegen bleiben muss, wird er mit einer kurzen Abwendung des Kopfes das Ausweichverhalten kompensieren.

Die typischen „Beschwichtigungssignale“ können aber auch andere Gründe haben, die nichts mit Beschwichtigung zu tun haben. Besonders bei warmem Wetter oder wenn der Hund durch körperliche Anstrengung stark hechelt, leckt er sich häufiger über die Schnauze, um einfach den Speichel wegzuwischen. Das Zwinkern der Augen wird vor allem bei Hunden beobachtet, die ein relativ helles Pigment in den Augen haben und dadurch einfach eher durch die Sonne geblendet werden. Und auch das Gähnen kann durchaus ein Ausdruck von Müdigkeit oder Langeweile sein.

Lassen Sie sich von möglichen Beschwichtigungssignalen, die Sie bei Ihrem Hund beobachten, nicht sofort verunsichern, sondern beobachten Sie sein Verhalten weiter, dann können Sie schnell einschätzen, ob Ihr Hund echte Probleme hat und grundsätzlich etwas geändert werden muss. Ist Ihr Hund aber weiterhin konzentriert und arbeitsfreudig und lässt sich für die nächsten Übungen motivieren, gibt es keinen Grund zur Sorge.

Kommandos immer durchsetzen

Ob zu Hause oder draußen, immer gilt: Geben Sie niemals ein Kommando, das Sie nicht durchsetzen können! Sonst lernt der Hund nämlich umso schneller, dass er gar nicht tun muss, was Sie von ihm verlangen.

Besonders beim Welpen und beim jungen Hund in den Flegeljahren gibt es immer wieder Situationen, in denen der Hund abgelenkt oder in etwas anderes so vertieft ist, dass er auf Ihr Kommando nicht reagiert. Das kann beim Spielen mit Artgenossen, beim Buddeln in der Erde, beim Toben im Wasser oder beim Verfolgen einer Duftspur sein.

Wenn Ihr Hund nach zwei- bis dreimaligem Rufen nicht reagiert, hören Sie auf ihn zu rufen.

Gehen Sie zu ihm hin, leinen ihn kommentarlos an und setzen den Weg fort. Nach kurzer Strecke leinen Sie ihn wieder ab und geben ihn mit einem Kommando frei. So hat er zwar seine letzte Tätigkeit unterbrochen, verbindet damit aber kein negatives Erlebnis. Vermeiden Sie es, ihn zu schimpfen oder gar zu bestrafen, da er dadurch in Zukunft noch weniger motiviert wäre, zu Ihnen zu kommen.

Seien Sie immer konsequent, Ihr Kommando durchzusetzen, auch wenn es etwas länger dauert, und geben Sie auf keinen Fall frustriert und verärgert auf, denn dann hat Ihr Hund gewonnen und wird beim nächsten Mal noch weniger auf Ihr Kommando reagieren.

Erziehung für den Alltag

Um einen zuverlässigen Begleithund an seiner Seite zu führen, bedarf es nicht nur der klassischen Sitz-, Platz- und Fußübungen. Im Alltag gibt es so viele Situationen, auf die Ihr Hund vorbereitet werden muss und an die man ihn vom ersten Tag an gewöhnen kann. Im Folgenden werden deshalb die Aufgaben und Übungen vorgestellt, die für jeden Hund wichtig sind. Denn egal, ob Sie einen Arbeitshund, eine Sportskanone oder einfach einen Familienhund an Ihrer Seite haben, der Alltag spielt sich bei allen ähnlich ab und wer seinen Menschen in (fast) allen Lebenslagen begleiten will, muss bestimmte Voraussetzungen erfüllen.

Stubenreinheit

Für alle, die einen neuen Vierbeiner schon als Welpe bekommen, ist die Erziehung zur Stubenreinheit in den ersten Wochen die wichtigste Übungseinheit.

Sobald ein Welpe beginnt, seine Umgebung zu erkunden, möchte er nicht mehr sein „Nest“ beschmutzen. Sobald er bei Ihnen einzieht, sollte er sich also möglichst bald in seinem neuen Heim wohlfühlen und lernen, sich bemerkbar zu machen, wenn er sich erleichtern muss. Allerdings müssen Sie bedenken, dass ein Welpe bis zu einem Alter von etwa drei Monaten seine Schließmuskeln noch nicht so gut kontrollieren kann, sodass es schnell mal zu einem kleinen Malheur kommen kann, wenn Sie ihn nicht rechtzeitig nach draußen gebracht haben.

Viele Ersthundebesitzer machen allerdings den Fehler, dass sie sich endlos lange draußen aufhalten vor lauter Angst, der junge Hund könne die Wohnung verunreinigen. Dann kann es

Nicht nur Spielen, auch die ersten Übungen sollten vom ersten Tag an zum Alltag des neuen Familienmitglieds gehören.

passieren, dass der kleine Vierbeiner viel spielt, Neues erkundet oder Löcher buddelt, aber sich nicht löst, da er den Garten oder die vertraute Wiese als sein Revier ansieht. Kaum ist er dann im Haus, wird er sich vielleicht lösen, um anschließend ein Nickerchen zu machen.

Besser ist es umgekehrt. Halten Sie sich viel mit Ihrem Hund im Haus auf und beobachten Sie ihn. Er soll das Haus als sein neues Revier kennenlernen und akzeptieren. Bieten Sie jedoch Ihrem Hund nach jedem Schläfchen, nach jeder Mahlzeit und nach jedem Spiel sofort im Garten oder auf einer nahe gelegenen Wiese die Möglichkeit, sich zu lösen.

Sie können sogar erreichen, dass sich Ihr Hund später auf Kommando löst. Benutzen Sie schon beim Welpen ein ausgewähltes Kommando wie zum Beispiel „Mach Pi" oder „Mach Häufchen". Wenn er sich dann gelöst hat, loben Sie ihn überschwänglich. Loben Sie ihn aber nicht, während er sein Geschäft verrichtet, da er es dann vielleicht abbrechen könnte.

Wer keinen eigenen Garten besitzt und erst einige Treppen steigen und noch einen Weg bis zur nächsten Wiese zurücklegen muss, sollte seinen Welpen so lange tragen, bis der Platz zum Lösen erreicht ist. Dadurch schonen Sie nicht nur beim Treppensteigen die im Wachstum befindlichen Knochen und Gelenke des Welpen, sondern er begreift auch schnell, wo er sich erleichtern darf. So vermeiden Sie von vornherein, dass er später vielleicht direkt an der Hausecke oder im Vorgarten des Nachbarn sein Geschäft verrichtet.

WICHTIG!

Häufig wird erwartet, dass sich ein Welpe meldet, wenn er hinaus muss, indem er zum Beispiel vor die Tür geht und winselt oder bellt. Das ist aber besonders am Anfang nicht immer der Fall. Manche Welpen geben keinen Laut von sich, sondern suchen vielleicht nur in der Wohnung umher. Verlassen Sie sich also nicht darauf, dass sich Ihr kleiner Vierbeiner meldet, sondern denken Sie selbst daran, mit ihm regelmäßig hinauszugehen.

Sollten Sie es doch einmal verpasst haben, Ihren Welpen rechtzeitig hinauszubringen, und das Malheur ist schon passiert, schimpfen Sie ihn auf gar keinen Fall oder stupsen ihn gar mit der Schnauze in die Pfütze, so wie es früher häufig empfohlen wurde. Das verängstigt nur den Kleinen und er versteht überhaupt nicht, um was es geht. Nehmen Sie den Welpen einfach auf den Arm und tragen ihn in den Garten oder auf die nächste Wiese zum vorgesehenen Löseplatz und fordern ihn auf, sein Geschäft dort zu erledigen. Wenn er sich dann dort löst, wird er freundlich gelobt und wieder ins Haus gebracht.

Selbst wenn Ihr Hund bereits einigermaßen stubenrein ist, bringen Sie ihn, besonders kurz bevor Sie Besuch erwarten oder ein anderes Familienmitglied nach Hause kommt, nach draußen. Einige Hunde „vergessen“ sich häufig noch vor lauter Begrüßungsfreude, wenn jemand kommt.

Die ersten Nächte

Es bleibt Ihnen selbst überlassen zu entscheiden, wo der Hund später sein Nachtlager haben soll. Am Anfang ist es jedoch sinnvoll, dem Welpen im Schlafzimmer einen Schlafplatz anzubieten. Denn die ersten Tage wird der Welpe seine Mutter und Geschwister vermissen und als typisches Rudeltier benötigt er einfach sozialen Kontakt und Nähe, um sich geborgen und sicher zu fühlen. Wenn Sie in der Nähe sind, spürt er Ihre Anwesenheit und wird wesentlich besser zur Ruhe kommen, als wenn Sie ihn allein in einem anderen Raum einsperren. Der Hund spürt Sie förmlich auch im Schlaf und bekommt dadurch in der Regel viel schneller eine engere Bindung zu Ihnen. Außerdem können Sie sofort darauf reagieren, falls er aufwacht und hinaus muss oder falls es ihm einmal schlecht geht.

Um den Schlafplatz für den Kleinen möglichst einzugrenzen, können Sie ihn in einen oben offenen Karton mit einer kuscheligen Decke legen oder den Schlafbereich mit einem Brett oder Ähnlichem abgrenzen. Ideal hierfür eignet sich ein Zimmerkennel oder eine große Transportbox, die Sie neben Ihr Bett stellen können. Wird ein Welpe von Anfang an daran gewöhnt, wird er sich in dem Kennel sicher aufgehoben fühlen und auch später dahin zurückziehen, wenn er seine Ruhe haben möchte und schlafen will. Der Vorteil eines Kennels oder einer Transportbox ist, dass man den Welpen darin auch kurzzeitig allein lassen kann, sodass er nichts anstellen kann. Wählen Sie auch gleich die passende Größe, damit Ihr Hund noch hineinpasst, wenn er erwachsen ist. Natürlich lässt sich eine passende Box auch für den Transport im Auto benutzen oder als Schlafplatz im Urlaub, sodass Ihr Vierbeiner immer seinen vertrauten Platz findet. Sie ist vielseitig einsetzbar und für jeden Hundehalter eine sinnvolle Anschaffung.

Schläft Ihr Welpe die Nächte gut durch und muss er nicht mehr so häufig nach draußen, können Sie den Schlafplatz allmählich woandershin verlegen. Hierfür schieben Sie den Hundekorb oder den Zimmerkennel jeden Tag immer etwas weiter vom Bett weg in Richtung Tür und schließlich bis in den Flur oder in einen anderen Raum, wo Ihr Hund nun in Zukunft schlafen soll. Hat er sich gut eingelebt und genug Vertrauen zu Ihnen und der Umgebung gefunden, wird er sich problemlos daran gewöhnen.

Das Gewöhnen an Halsband und Leine

Bevor Sie mit Ihrem Vierbeiner beginnen, draußen die Welt zu erkunden, müssen Sie ihn natürlich an Halsband und Leine gewöhnen, falls dies nicht schon beim Züchter erfolgt ist. Ältere, über das Tierheim oder Tierschutzorganisationen vermittelte Hunde sind in der Regel daran gewöhnt, ein Halsband zu tragen und an einer Leine geführt zu werden, sodass bei Ihnen höchstens noch an der Leinenführigkeit gearbeitet werden muss, wie später beschrieben wird.

Halsband oder Geschirr?

Zunächst stellt sich die Frage, ob man ein Halsband oder ein Geschirr verwenden sollte. Ein Geschirr wurde früher nur bei Schlittenhunden oder Fährtenhunden im Einsatz benutzt. Heutzutage werden aber auch viele Welpen und erwachsene Familienhunde statt mit einem Halsband mit einem Geschirr geführt. Was nun besser ist, darüber gehen die Meinungen weit auseinander.

Grundsätzlich reicht für einen Hund ein Halsband, ob aus Leder, Nylon oder Metall, vollkommen aus. Es sei denn, er zieht fürchterlich an der Leine und schnürt sich dadurch die Kehle ab, wodurch er keuchen und husten muss. Im schlimmsten Fall kann es sogar zu Wirbelsäulenproblemen kommen. Für Hunde mit empfindlicher Luftröhre, wie einige Zwergrassen, oder für Rassen, die aufgrund ihrer Körperform schnell aus dem Halsband schlüpfen können, ist die

Für Welpen wird häufig ein Geschirr verwendet. Wichtig ist, dass es richtig sitzt.

Verwendung eines Geschirrs auch sinnvoll. Alte Hunde, die unter Herz- oder Atembeschwerden leiden, sollten mit einem Geschirr geführt werden, um die Atmung durch eventuellen Zug am Halsband nicht zu beeinträchtigen.

Wenn Sie und Ihr Hund kein Problem mit einem Halsband haben, spricht nichts dagegen, ihn vom ersten Tag an mit einem einfachen Halsband zu führen. Haben Sie mit einem Geschirr begonnen und ist Ihr Vierbeiner gut leinenführig geworden, kann er nun an ein Halsband umgewöhnt werden.

WICHTIG!

Wenn Sie ein Geschirr verwenden, achten Sie auf alle Fälle unbedingt darauf, dass es richtig sitzt und keine Druckstellen oder Abscheuerungen auf Fell und Haut hinterlässt. Denn durch falschen Sitz fühlt sich der Hund unwohl und es können noch gesundheitliche Probleme auftreten.

Achten Sie darauf, dass beim Welpen Halsband oder Geschirr genau auf die Größe des kleinen Vierbeiners zugeschnitten ist. Es muss im ersten Lebensjahr mit zunehmendem Wachstum mehrfach ausgetauscht werden. Sparen Sie bei dem richtigen Zubehör bitte nicht am falschen Fleck! Ein Halsband darf auf keinen Fall zu groß sein, damit der Welpe nicht hinausschlüpfen kann, es darf aber auch nicht zu eng sein. Halsbänder mit Zug, mit und ohne Stopp, sind erst für den späteren Einsatz beim erwachsenen Hund geeignet.

Der Nachteil eines Geschirrs ist die Tatsache, dass es etwas komplizierter ist und länger dauert, es dem Hund richtig anzulegen. Gerade bei Welpen, die noch etwas zappelig oder ungeduldig sind, ist es dann manchmal etwas umständlich. Früher war bei der Begleithundprüfung das Tragen eines Geschirrs nicht erlaubt. Heute ist es gestattet, sodass Sie es auch verwenden können, wenn das Ablegen der Prüfung Ihr Ziel ist.

Entscheiden Sie aber selbst, was für Sie und Ihren Hund am besten und geschicktesten ist. Lassen Sie sich nicht von anderen „Kennern“ verunsichern, die unbedingt für ein Geschirr oder ein bestimmtes Halsband plädieren.

Das Band zwischen Hund und Mensch

Die Leine stellt zwischen Hund und Mensch eine wichtige Verbindung dar, auf die besonders am Anfang nicht verzichtet werden kann. Wenn Sie draußen mit Ihrem Hund unterwegs sind, ist die Leine die einzige Möglichkeit, ihn unter Kontrolle zu halten und Einfluss auf ihn zu haben. Einerseits kann man ihn dadurch vor Gefahren schützen und andererseits so auf ihn einwirken, dass er bei Erziehungsübungen das von ihm erwartete Verhalten zeigt. Das Ziel der Ausbildung ist, dass der Hund später auch ohne Leine, also ohne direkten körperlichen Kontakt mit dem Menschen, alle Kommandos umsetzt. Aber bis dahin ist noch ein langer Weg, bei dem die Arbeit an der Leine ein ganz wichtiger Bestandteil ist.

WICHTIG!

Eine Flexi-Leine ist weder für die Welpenerziehung noch für die spätere Ausbildung eines Hundes geeignet. Sie sollte nur verwendet werden, um zum Beispiel eine läufige Hündin oder einen verletzten oder kranken Hund, der sich nicht viel bewegen darf, unter Kontrolle zu halten oder wenn der Hund bei einem Spaziergang etwas mehr Bewegungsfreiheit haben soll, aber nicht abgeleint werden darf, wie zum Beispiel in Naturschutz- oder Waldgebieten.

Die Leine ist ein sichtbares Band zwischen Hund und Mensch. Später, mit zunehmendem Erfolg bei der Erziehung, wird sie immer seltener und nur noch gezielt eingesetzt. Im Idealfall besteht am Ende zwischen Hund und Mensch ein unsichtbares Band, das den Einsatz einer Leine nur noch erfordert, um den Hund zum Beispiel im Straßenverkehr zu schützen oder wenn es vorgeschrieben ist (Leinenpflicht!).

Die Leine sollte nicht zu lang sein. Eine Länge von 1 bis 1,5 Meter ist ideal. Geeignet sind auch die Leinen, deren Länge sich zwischen 1 und 2 Meter verschieden einstellen lässt. Für den Welpen sind dünne Nylonleinen am besten geeignet, da sie nicht so schwer wie Leinen aus Leder sind.

Mit der Gewöhnung an Halsband/Geschirr und Leine können Sie vom ersten Tag an zu Hause schon beginnen. Legen Sie dem Welpen das Halsband oder Geschirr im Haus an, und zwar immer dann, wenn er durch Fressen oder Spielen abgelenkt ist. So gewöhnt er sich schnell daran und wird auch etwas Positives damit verbinden. Sollte er sich anfangen zu kratzen, lenken Sie ihn mit einem Spiel oder einem Leckerli wieder ab. Hat sich der Welpe an das Halsband gewöhnt, befestigen Sie anfangs eine dünne, leichte Leine daran, die er einfach hinter sich herziehen kann. Nehmen Sie dann das Leinenende in die Hand und gehen Sie hinter dem Welpen her, aber so, dass kein Zug auf die Leine kommt, damit er sie nicht als Zwang empfindet. Locken Sie dann den Kleinen mit freundlichen Worten zu sich, ohne an der Leine zu ziehen, und belohnen ihn sofort mit einem Leckerli.

Leinenführigkeit

Beginnen Sie nach ein paar Tagen mit Ihrem jungen Hund kleine Erkundungstouren im Garten oder auf der nächsten Wiese mit der Leine. Anfänglich darf er mit Ihnen spazieren gehen, wohin er will. Versuchen Sie, ihm zu folgen, und seien Sie bemüht, dass die Leine sich nicht strafft, sondern für den Hund kaum spürbar bleibt. So empfindet er sie nicht als störend, lernt aber dadurch, in Ihrer Nähe zu bleiben und sich wohl und sicher zu fühlen.

Wenn das An-der-Leine-Laufen einigermaßen funktioniert, fangen Sie behutsam damit an, dorthin zu gehen, wohin Sie möchten. Muntern Sie Ihren Hund auf, Ihnen irgendwie auf der linken Seite zu folgen oder locken Sie ihn mit einem Lieblingsspielzeug oder einem Leckerli, das Sie vor seine Schnauze halten. Falls Ihr Vierbeiner extrem an der Leine zieht oder herumtobt, bleiben Sie ganz ruhig stehen, bis er sich wieder beruhigt hat und die Leine locker hängt. Ignorieren Sie sein unmögliches Benehmen und verzichten Sie auf strafende Worte sowie Gezerre an der Leine. Durch Ihre Ignoranz wird der Hund schnell lernen, dass sein Gezerre und Getobe an der Leine unangenehm und nicht richtig ist. Wahrscheinlich wird er sich sogar hinsetzen und Sie fragend anschauen. Gehen Sie erneut weiter und loben ihn, sobald er einigermaßen gesittet neben Ihnen – möglichst links – läuft.

Auf der linken Seite führen

Es ist allgemein üblich, dass ein Hund auf der linken Seite geführt wird. Seit der Zeit, als die Menschen begannen, Hunde mit zur Jagd zu nehmen, und in der rechten Hand die Waffe trugen, hat sich eingebürgert, dass ein Hund an der linken Seite läuft. Auch wenn die wenigsten Hundeführer in der heutigen Zeit Jäger sind, so gibt es viele Rechtshänder unter uns, die dankbar sind, wenn sie ihren Hund links führen und die rechte Hand stets frei haben, um Türen zu

Die Leinenführigkeit gehört einfach zu einer guten Erziehung und sollte in den unterschiedlichsten Umgebungen geübt werden.

WICHTIG!

Ihr Vierbeiner soll zwar viel mit Artgenossen herumtoben, aber lassen Sie ihn nie an der Leine mit anderen Hunden spielen. Es besteht dadurch nicht nur eine Verletzungsgefahr, sondern ein Hund an der Leine soll sich auf seinen Menschen konzentrieren und eine bestimmte Aufgabe oder Übung durchführen. Gespielt und getobt wird nur ohne Leine. So wird Ihr Hund schnell begreifen, wann es sich um Arbeit und wann um Freizeit handelt.

öffnen, Menschen zu begrüßen, Gegenstände zu tragen usw. Außerdem wird bei allen Prüfungen und Wettkämpfen beim Hundesport, an denen der Hund an der Leine geführt wird, verlangt, dass er an der linken Seite läuft. Somit ist es immer sinnvoll, seinen Hund von Anfang an bei der Erziehung und beim Durchführen verschiedener Übungen an der linken Seite zu führen. Nicht zuletzt hat das Links-Führen des Hundes noch einen weiteren Vorteil: Wenn alle die gleiche Seite benutzen, kommt sich in der Regel auch niemand in die Quere, wenn man zum Beispiel in der Stadt oder bei Veranstaltungen anderen Hundehaltern begegnet.

Wie lange soll man üben?

Ein junger Hund kann sich noch nicht lange am Stück konzentrieren. Es genügt, mit dem Welpen täglich einige Minuten zu üben. Motivieren Sie ihn mit einem Leckerli vor der Schnauze, seinem Lieblingsspielzeug, einem Ball oder einfach Ihrer Stimme. Während der Hund dann an Ihrer linken Seite in Höhe Ihres Knies läuft, wird er sofort mit der Stimme und/oder durch ein Leckerli gelobt oder er bekommt sein Lieblingsspielzeug oder einen Ball zum Tragen. Sobald Ihr Hund einige Meter ordentlich gelaufen ist, beenden Sie die Übung. Das Ende muss immer mit einem Erfolgserlebnis verbunden sein. Verlängern Sie allmählich den Zeitraum zwischen den Belohnungen.

Beenden Sie jedoch die Übung der Leinenführigkeit niemals dann, wenn Ihr Hund gerade an der Leine herumzerrt oder hineinbeißt. Dann hat er nämlich das erreicht, was er wollte – er ist die noch lästige Leine wieder los und der Meinung, dass An-der-Leine-Laufen heißt, sich daneben zu benehmen!

Grundsätzliches zum Bei-Fuß-Gehen

Jeder Hund sollte vernünftig an der Leine laufen können, ohne daran zu ziehen oder ständig die Seite zu wechseln. Auf das korrekte Bei-Fuß-Gehen wird in den Erziehungskursen sehr geachtet und auch im Alltag sollten Sie beim Spaziergang zwischendurch das richtige Bei-Fuß-Gehen üben, sowohl mit als auch ohne Leine. Erwarten Sie aber bitte nicht, dass Ihr Hund den gesamten Spaziergang in der korrekten Position neben Ihnen herläuft. Egal, ob Sie Ihren Hund anleinen müssen oder ob er frei laufen darf, sollte er sich bei den täglichen Spaziergängen auch von Ihnen etwas entfernen dürfen, gelegentlich auch mal anhalten oder die Seite wechseln, um in aller Ruhe den vielen Gerüchen nachgehen zu können – die wichtigsten Eindrücke für den Hund auf einem Spaziergang. Wenn der Hund ständig auf Kniehöhe neben Ihnen gehen muss, ist der Spaziergang für ihn weder entspannend noch werden dadurch alle seine Sinne gefordert.

WICHTIG!

Wenn die Leinenführigkeit bei Ihrem Hund klappt, können Sie damit beginnen, die Freifolge, also das Bei-Fuß-Gehen ohne Leine, zu üben. Da dies für die Begleithundprüfung sehr wichtig ist, wird das richtige Anlernen im Kapitel über die Begleithundausbildung beschrieben.

Korrektes Bei-Fuß-Gehen sollte nur auf dem Hundeplatz, während des Trainings und in Situationen, in denen es sinnvoll ist – zum Beispiel in der Innenstadt, am Bahnhof oder auf dem Markt – vom Hund erwartet werden. Ein gut erzogener und zuverlässiger Begleithund lässt sich in jeder Situation gut abrufen und muss daher nicht ständig in unmittelbarer Nähe seines Menschen laufen. Das sollte Ihr Ziel sein.

Körperpflege muss sein

Auch bei der regelmäßig erforderlichen Fell- und Körperpflege, der Zahn- und Ohrenkontrolle oder dem Abwischen der Pfoten spielt die Erziehung des Hundes eine große Rolle. Manch junger Hund mag es überhaupt nicht, wenn er gebürstet oder untersucht werden soll. Er sträubt sich dann vielleicht mit aller Kraft, versucht in die Bürste zu beißen, wirft sich auf den Rücken oder versucht sogar zu flüchten.

Um diesem gleich vorzubeugen, sollten Sie den Welpen vom ersten Tag an behutsam an die verschiedenen Pflegemaßnahmen gewöhnen. Nehmen Sie bei den täglichen Streicheleinheiten die Bürste mit dazu und streichen Sie nur ein paar Mal sanft über das Fell. Kraulen Sie liebevoll seine Ohren und verbinden es gleich mit der täglichen Ohrenkontrolle. Auch das Untersuchen der Zähne kann jeden Tag beim Spiel mit dem Hund geübt werden.

Gewöhnen Sie ihn schon mal an ein Bad oder das Abspritzen mit einem Wasserschlauch, da irgendwann sicherlich der Zeitpunkt kommen wird, in dem sich Ihr Vierbeiner so „einparfümiert" hat, dass er um ein Schaumbad nicht mehr herumkommt.

Besonders wichtig ist das regelmäßige Abtrocknen mit einem Handtuch und das gründliche Abwischen der Pfoten, wenn zum Beispiel der Spaziergang to-

Die Körperpflege wie das Abwischen der Pfoten ist wichtig und sollte von jedem Hund ohne Probleme gestattet werden.

tal verregnet war oder Ihr Vierbeiner in einem Teich, Bach oder einfach nur einer großen Pfütze geplantscht hat. Machen Sie zumindest aus dem Pfotenputzen einfach ein Ritual, denn wer möchte schon, dass der gute Teppich oder der frisch gewischte Boden mit Hundetapsen versehen wird. Bevor Ihr Vierbeiner wieder das Haus oder die Wohnung betreten darf, müssen die Pfoten gründlich mit einem Handtuch abgeputzt werden. Danach gibt es natürlich eine Belohnung. Schnell wird er sich an dieses Ritual gewöhnen und geduldig warten, bis er ins Haus gelassen wird und seine Belohnung erhält.

Alleinbleiben

Das Alleinbleiben ist eines der wichtigsten Dinge, an die sich ein Hund ungedingt gewöhnen sollte. Denn es gibt immer wieder Situationen, in denen Ihr Vierbeiner Sie nicht begleiten kann.

Beginnen Sie mit dem Training, sobald sich das neue Familienmitglied – ob Welpe oder erwachsener Hund – in seinem neuen Heim eingelebt hat. Der ideale Zeitpunkt für die ersten Übungen zum Alleinbleiben ist, wenn der Hund gespielt, gefressen und sich draußen gelöst hat und nun müde ist. Bringen Sie ihn in seinen Korb oder in den Zimmerkennel und legen Sie ein Spielzeug oder einen Kauknochen dazu, damit er sich beschäftigen kann. Streicheln Sie ihn kurz und verlassen ohne Worte und völlig ruhig den Raum.

Befindet sich der Hund nicht in einem verschlossenen Kennel oder einer Box, sollte der Raum, in dem er sich aufhält, so gestaltet sein, dass er nicht viel anstellen kann. Denn besonders bei Welpen ist der Kautrieb so sehr ausgeprägt, dass sie gern alles Mögliche annagen. So sollten zum Beispiel nicht sämtliche Schuhe der Familie, Kleidungsstücke oder das Spielzeug der Kinder dort herumliegen und auch Stromkabel sollten in diesem Raum nicht frei zugänglich sein, da sie auch gern angenagt werden und der Welpe dadurch ernsthaft Schaden nehmen kann.

Lassen Sie den Hund am Anfang nur wenige Minuten allein und bleiben Sie in der Nähe, um hören zu können, ob er bellt, winselt oder etwas anderes anstellt. Ist er brav gewesen, kommen Sie ganz ruhig zurück und loben ihn, aber nicht zu überschwänglich, sondern nur kurz und völlig gelassen, als wäre das Fortgehen und Wiederkommen das Natürlichste auf der Welt. Ist der Hund dagegen unruhig, bellt, fiept oder jault, lenken Sie ihn durch ein Geräusch ab, das er nicht mit Ihnen verbinden kann, sodass er kurzzeitig ruhig wird. Dann gehen Sie zu ihm, bringen Ihn gegebenenfalls wieder in seinen Korb und streicheln ihn. Sobald er sich wieder entspannt, gehen Sie noch einmal hinaus, kommen aber nach kurzer Zeit zurück, solange er ruhig bleibt, und loben ihn. Er muss das Loben mit dem gewünschten Verhalten, also dem Ruhigsein, in Verbindung bringen. Üben Sie mehrmals täglich das Alleinsein, wenn Sie zum Beispiel zum Briefkasten oder in den Keller gehen, wenn Sie kurz mit dem Nachbarn sprechen wollen oder etwas aus Ihrem Auto holen müssen.

Auf keinen Fall dürfen Sie den Hund bestrafen, wenn Sie zurückkommen und er bellt oder etwas angestellt hat. Denn für einen Hund gibt es ohnehin eigentlich nichts Schlimmeres, als allein gelassen zu werden. Ihn dann noch zu bestrafen, könnte zu einem enormen Vertrauensbruch führen. Der Hund ist und bleibt ein Rudeltier, das rund um die Uhr am liebsten mit seinem Rudel – ob es Menschen sind oder Artgenossen – zusammen sein möchte. Das Besondere beim Hund ist allerdings, dass er die Gesellschaft von Menschen der zu seinen Artgenossen vorzieht, wenn er die Wahl hat. Das unterscheidet ihn ganz klar von seinen wilden Vorfahren. Allein zu bleiben, ohne in Stress und Aufregung zu geraten, ist bei einem Hund somit ein Zeichen für großes Vertrauen.

Ist dieses Vertrauen aufgebaut und haben Sie Ihren Vierbeiner behutsam an das Alleinbleiben gewöhnt, können Sie allmählich die Zeiten, in denen er allein ist, verlängern. Wenn der Hund weiß, dass er nicht zurückgelassen wurde und Sie immer wieder zurückkommen, wird er keine Angst mehr entwickeln und geduldig auf Ihre Rückkehr warten. Ist das Alleinbleiben sogar ein regelmäßiger Bestandteil des Alltags, weil Sie zum Beispiel jeden Tag um dieselbe Zeit das Haus verlassen müssen, wird der Hund diese Ruhephase in seinen Rhythmus aufnehmen und schließlich in dieser Zeit dösen oder schlafen.

Sollte Ihr Hund extreme Trennungsangst zeigen, müssen Sie bei der Gewöhnung an das Alleinbleiben sehr langsam vorgehen und wieder einen

WICHTIG!

Je öfter Sie das Haus oder die Wohnung verlassen und nach kurzer Zeit wiederkommen, desto schneller gewöhnt sich der Hund an die Situation.

Schritt zurückgehen, wenn er doch unruhig wird. Machen Sie auf keinen Fall den Fehler, sich mit einer großen Zeremonie zu verabschieden oder ihn wieder zu begrüßen. Je weniger Aufheben Sie darum machen, umso schneller gewöhnt sich Ihr Vierbeiner daran, dass Alleinbleiben zum normalen Alltag gehört.

Gewöhnung an andere Haustiere

Falls noch andere Tiere in Ihrem Haushalt leben, müssen sie vorsichtig an das neue Familienmitglied gewöhnt werden und andererseits muss der Hund lernen, dass er auf sie Rücksicht nimmt und sie auf keinen Fall zu seinen Beutetieren gehören.

Ein Welpe wird relativ schnell den richtigen Umgang mit anderen Tieren lernen. Zieht ein erwachsener Hund bei Ihnen ein, hängt sein Verhalten natürlich davon ab, was er bisher erlebt hat und ob er schon einmal Kontakt zu anderen Tieren dieser Art hatte. Hier müssen Sie anfangs große Vorsicht walten lassen, bis klar ist, ob Ihre anderen Hausgenossen dem Hund als Beutetiere vorkommen oder er sich ganz neutral gegenüber ihnen verhält.

Sowohl Welpen als auch erwachsene Hunde dürfen zu Anfang natürlich nur unter Aufsicht mit Katzen, Meerschweinchen, Kaninchen, Vögeln, Ratten, Mäusen und anderen Kleintieren zusammengebracht werden. Sie sollen sich an die Anwesenheit der anderen Tiere gewöhnen und sie unbehelligt lassen.

Katze und Hund können sich durchaus gut verstehen, wenn sie behutsam aneinander gewöhnt werden.

Alle Tiere, die in Käfigen oder kleinen Ställen gehalten werden, sollten bei den ersten Begegnungen auf alle Fälle darin verbleiben. Der Hund wird anfangs auch immer angeleint, damit er nicht plötzlich auf den Käfig zuspringt und deren Bewohner in Todesangst versetzt. Da Hunde sehr anpassungsfähig sind, werden sie recht bald akzeptieren, dass diese anderen Tiere wohl auch zu ihrem neuen Rudel gehören und nicht als Beutetiere oder Spielzeug anzusehen sind. Sollten Sie allerdings nicht hundertprozentig sicher sein, dass mit Ihrem Vierbeiner nicht doch einmal der Jagdtrieb durchgeht – was eigentlich ja ganz normal wäre –, sollten Sie die anderen Tiere in seiner Anwesenheit auch in Zukunft lieber im Käfig lassen, wenn Sie sich nicht an Orte zurückziehen können, die für den Hund unerreichbar sind. Und selbst wenn Sie der Meinung sind, dass Ihr Hund für die anderen Tiere keine Gefahr darstellt, sollten Sie frei laufende oder frei fliegende Heimtiere nie ohne Aufsicht zusammen mit dem Hund in einem Raum lassen.

Eine Sonderstellung hierbei nehmen Katzen ein. Die grundsätzliche Meinung, dass sich Hund und Katze nicht verstehen, ist schlicht falsch. Hier kommt es nur darauf an, dass sie richtig aneinander gewöhnt werden und dass die Katze immer Rückzugsmöglichkeiten hat, um sich dem Einfluss des Hundes zu entziehen.

Wenn Sie schon eine Katze haben, wird diese vermutlich nicht sehr begeistert von dem Neuzugang sein. Daher sollten Sie sie auf keinen Fall dazu zwingen, Kontakt mit dem Hund aufzunehmen. Sie wird sich erst an einen erhöhten Platz zurückziehen, um sich ein Bild von der neuen Situation zu machen. Damit ein Welpe nicht gleich auf den in seinen Augen möglichen Spielgefährten zustürmt, sollte er auch bei den ersten Begegnungen angeleint werden, um die Katze nicht unnötig zu erschrecken oder sogar in die Flucht zu schlagen.

Ein erwachsener Hund, von dem man nicht weiß, wie er sich Katzen gegenüber verhält, muss ohnehin erst einmal angeleint werden. Bei ihm werden Sie relativ schnell erkennen, ob er schon gute oder schlechte Erfahrungen mit Katzen gemacht hat. Hunde, die schon früher Katzen kennengelernt haben, wissen meistens ganz genau, dass sie sich sehr gut zur Wehr setzen können, und werden Respekt vor ihnen haben. Haben sie schon vorher harmonisch mit Katzen zusammengelebt, werden sie vermutlich versuchen, vorsichtig und freundlich aus sicherem Abstand mit der Mieze Kontakt aufzunehmen. Wenn die Katze mit der Zeit dann lernt, dass dieses neue Familienmitglied eigentlich gar nicht so gefährlich ist, wird sie irgendwann auch den Kontakt erwidern. Schließlich werden beide ganz friedlich zusammen im Haus leben, vorausgesetzt die Katze hat immer Ausweichmöglichkeiten, um sich vor dem Hund in Sicherheit zu bringen, falls er doch einmal zu ungestüm wird.

Wenn Hund und Katze aneinander gewöhnt werden sollen – egal ob es sich um junge oder erwachsene Tiere handelt und ob zuerst die Katze oder zuerst der Hund im Haushalt war – sollten Sie sich von Anfang an sehr viel Zeit für Ihre

Schützlinge nehmen. Achten Sie auch darauf, dass Sie beiden viel Zuneigung entgegenbringen. Denn wenn sich das Tier, das schon länger im Haushalt lebt, auf einmal völlig vernachlässigt und zurückgesetzt fühlt, kann es durchaus sein, dass es dadurch Aggression gegenüber dem Neuzugang entwickelt.

Zwingen Sie auf keinen Fall die Tiere dazu, ganz engen körperlichen Kontakt aufzunehmen. Das sollten Sie ihnen selbst überlassen. Wenn die Zeit gekommen ist, wird auch ein Körperkontakt in Form von vorsichtigem Beschnüffeln, Belecken oder Entlangstreichen an dem anderen erfolgen. Zunächst aber kommt die Eingewöhnungsphase. Auch hier empfiehlt sich das Einsetzen von positiver Verstärkung in Form von Futter. Denn auch bei Tieren geht Liebe durch den Magen und wenn Hund und Katze immer nur in Anwesenheit des anderen ihr Futter – natürlich in einem eigenen Napf an sicherer Stelle – oder einen besonders leckeren Belohnungshappen erhalten, werden sie diese angenehme Erfahrung auch mit dem anderen Familienmitglied in Verbindung bringen.

Aber auch hier gilt: Lassen Sie Hund und Katze nie unbeaufsichtigt für längere Zeit allein, auch wenn sie schon sehr harmonisch miteinander leben. Und glauben Sie nicht, dass ein Hund, der mit Katzen zusammenlebt und an sie gewöhnt ist, draußen keine Katzen mehr jagt. Er wird ihnen zwar kein Haar krümmen, aber eine fremde Katze, die instinktiv vor einem Hund davonrennt, löst bei ihm den angeborenen Jagdtrieb aus, der ihn zumindest für eine kurze Zeit hinter ihr herlaufen lässt, bis er gemerkt hat, dass Nachbars Mieze schon längst das Weite gesucht hat oder sicher auf einem Baum sitzt.

Viele Hunde eignen sich auch gut als Reitbegleithund. Bevor Sie aber den ersten gemeinsamen Ausritt unternehmen, müssen sich beide Tiere erst aneinander gewöhnt haben und der Hund sollte gut im Kommando stehen.

Unerwünschtes Verhalten vermeiden

Zum Erziehen eines Hundes gehört nicht nur, dass er bestimmte Kunststücke oder Übungen erlernt, sondern auch, dass er verschiedene Verhaltensweisen, die für Hunde sehr typisch sind und schnell ohne äußere Einflüsse erlernt werden, nicht zeigt.

Hochspringen

Viele Hunde springen gern an ihrem Menschen hoch, weil sie versuchen, durch das Mundwinkellecken ihren Respekt zu zeigen, und den Rudelchef beschwichtigen wollen. Bei besonders kontaktfreudigen Rassen und vor allem Welpen und Junghunden ist diese Verhaltensweise stark ausgeprägt. Wenn Sie Ihrem Hund das Anspringen abgewöhnen möchten, sollten Sie ihn einfach ignorieren und sich abwenden. Schimpfen oder Bestrafen wirkt in diesem Fall überhaupt nicht, weil der

HUNDE LÜGEN NICHT!

Es gibt immer wieder Situationen, in denen ein normalerweise sehr braver und gut erzogener Hund unruhig ist und auf sich aufmerksam macht, obwohl er das sonst nicht tut. Überlegen Sie dann, was die Ursache dafür sein kann. Meistens sind es ganz banale Gründe, an die wir in diesem Moment nicht denken: Der Hund muss sich lösen, hat Durst oder Hunger oder ist mit einer Situation konfrontiert, die er nicht kennt. Versuchen Sie, die Situation richtig einzuschätzen, entsprechend zu reagieren, indem Sie zum Beispiel mit ihm nach draußen gehen oder ihn mit Wasser oder Futter versorgen, und Ihr Hund wird sich beruhigen. Sollten die Grundbedürfnisse nicht die Ursache sein, handelt es sich häufig um ein gesundheitliches Problem.

Hund dadurch nur noch mehr beschwichtigen möchte und Sie sich ja außerdem mit ihm beschäftigen, was er als Bestätigung empfindet. Sobald er sich richtig verhält, loben Sie ihn – aber nicht zu sehr, damit er nicht gleich wieder hochspringt.

Zerbeißen

Der Trieb, irgendetwas zu zernagen oder gar aufzufressen, ist besonders bei Welpen und Junghunden bis zum Abschluss des Zahnwechsels sehr stark ausgeprägt. Da Ihr Hund auch nicht unterscheiden kann, ob es sich bei einem gut zu zerkauenden Gegenstand um ein Hundespielzeug oder wertvolle Schuhe handelt, sollten alle „gefährdeten" Gegenstände aus der Reichweite des Hundes entfernt werden. Denn abgesehen vom materiellen Schaden besteht bei vielen Dingen mit Bestandteilen aus Metall oder hartem Kunststoff auch Verletzungsgefahr für den kleinen Vierbeiner, wenn er daran herumnagt. Auch Medikamente, giftige Substanzen und Pflanzen sowie Putzmittel sollten nicht in Reichweite sein.

Bieten Sie Ihrem Hund, solange sein Kautrieb so stark ausgeprägt ist, als Ersatz Kauartikel kann, mit denen er dieses Bedürfnis befriedigen kann.

Wenn sich der junge Hund an seine Umgebung gewöhnt hat, wird er auch bald verstanden haben, wo seine Plätze im Haus sind, was sein Spielzeug ist und welche Gegenstände er nicht annagen oder wegtragen darf. Um das gezielt mit ihm zu üben, lassen Sie bewusst in Ihrer Anwesenheit bestimmte Gegenstände auf dem Boden liegen, die nicht für ihn bestimmt sind. Sobald der Hund daran Interesse zeigt, verbieten Sie es ihm mit einem kurzen „Nein". Wenn er von dem Objekt ablässt und Sie fragend anschaut, loben Sie ihn freundlich und belohnen ihn mit einem Leckerli.

Sie können ihm auch regelmäßig ein Ersatzspielzeug anbieten und dieses gegen das verbotene Objekt tauschen. Er wird diesen Handel schnell verstehen und sich bald nur noch auf seine Spielzeuge oder Kauartikel konzentrieren.

Solange der Zahnwechsel noch nicht erfolgt ist, haben Welpen einen unbändigen Trieb, alles Mögliche zu zernagen.

Hat Ihr Hund den Zahnwechsel gut überstanden und ist langsam erwachsen geworden, wird der Kautrieb sehr stark nachlassen und es reicht aus, wenn Sie ihm regelmäßig Kauknochen oder anderes Kaumaterial anbieten, um den Trieb zu befriedigen und gleichzeitig etwas für die Zahnpflege zu tun.

Betteln am Tisch

Wenn Sie nicht möchten, dass Ihr Hund am Tisch bettelt, geben Sie ihm von vornherein niemals etwas vom Tisch. Wenn Sie einmal schwach werden, hat Ihr Hund sehr schnell gelernt, dass es sich lohnt zu betteln. Hier reicht oft schon eine positive Bestätigung aus und der Hund wird daraus schließen, dass er immer etwas vom Tisch erhält.

Auch wenn es Ihnen schwer fällt, schicken Sie Ihren Hund entweder auf seinen Platz oder ignorieren Sie sein Verhalten. Ihr konsequentes Ignorieren wird den Hund frustrieren, da er nicht zum erwünschten Erfolg kommt, und er wird sich über kurz oder lang zurückziehen.

Schicken Sie Ihren Hund nicht mit dem ansonsten üblichen Platzkommando weg, sondern verwenden Sie eine freundliche Aufforderung wie zum Beispiel „Geh auf deine Decke!“ oder „Geh in dein Körbchen“. Dieser Platz muss nicht unbedingt in einem anderen Raum sein. Es reicht völlig aus, wenn sich der Hund auf eine Decke neben dem Tisch legt und einfach brav dort wartet, bis alle am Tisch zu Ende gegessen haben.

Ein bequemes Sofa und Körperkontakt zu Artgenossen – wie hier – oder zu Menschen ist für viele Hunde sehr wichtig und hat nichts mit Dominanzverhalten zu tun.

Sollten Sie Essensreste haben, die Sie Ihrem Vierbeiner gern noch geben möchten, tun Sie dies bitte auch nicht am Tisch, sondern räumen Sie den Tisch ab, tragen alles zurück in die Küche und geben dem Hund erst dann die Sachen in seinen Napf.

Achten Sie darauf, dass sich alle Familienmitglieder oder auch Besucher an diese Regeln halten. Denn eine positive Verstärkung reicht hier schon aus, um das Betteln am Tisch wieder zu fördern.

Der Sofahund

Die Meinungen darüber, ob ein Hund mit auf dem Sofa oder auf einem gemütlichen Sessel liegen darf, gehen bei Hundefreunden sehr weit auseinander. Grundsätzlich bleibt jedem selbst überlassen, ob er das seinem Vierbeiner gestattet oder nicht. Bekommt Ihr Hund vom ersten Tag an einen kuscheligen Schlafplatz angeboten, in dem er sich wohlfühlt und in den er sich jederzeit zurückziehen kann, wird er sich auch schnell daran gewöhnen. Allerdings sollte dieser Platz nicht zu weit von dem Ort entfernt sein, an dem Sie sich in der Regel aufhalten, oder sich sogar noch in einem ganz anderen Raum befinden. Denn das wäre für den Hund total unverständlich, da er sich ausgegrenzt fühlen würde. Stellen Sie dagegen einen gemütlichen Korb neben das Sofa, wo er Ihre Nähe spüren kann, wird er ruhig und entspannt darin schlafen.

In diesem Zusammenhang sei nur darauf hingewiesen, dass es in den wenigsten Fällen ein Dominanzproblem ist, wenn ein Hund unbedingt erhöht lie-

Auch draußen gibt es für einen Welpen viel zu entdecken.

gen möchte, wie es häufig beschrieben wird. In der Regel ist es einfach das Bedürfnis, gemütlich auf einem Platz liegen zu können, von dem aus man einen Überblick hat. Das vermittelt dem Hund eine gewisse Sicherheit. Außerdem ist für das Rudeltier Hund das Kontaktliegen sehr wichtig, um die Bindung zu seinen Rudelmitgliedern zu festigen und sich einfach sicher und geborgen zu fühlen. Verhält sich der Hund ansonsten normal, ist gehorsam wie immer und lässt sich auch jederzeit vom Sofa herunterrufen, besteht überhaupt kein Dominanzproblem.

Sieht der Hund allerdings das Sofa als sein Eigentum an und lässt niemanden anderen darauf, indem er diesen Platz sogar durch Aggressionsverhalten versucht zu verteidigen, handelt es sich um ein ernsthaftes Dominanzproblem. In diesem Fall muss schleunigst mit konsequenter Erziehung an der Rangordnung gearbeitet werden.

Ängste abbauen

Für einen Hund ist die Angst von Natur aus wichtig, um zu überleben, denn Angst aktiviert in ihm notwendiges Fluchtverhalten vor reellen Gefahren. Es gibt aber immer wieder Hunde, die zu wesensschwach sind und dadurch übermäßig ängstlich in verschiedenen Situationen reagieren. Sollte das bei Ihrem Hund der Fall sein, brauchen Sie deshalb nicht zu verzweifeln. Bauen Sie eine enge Bindung zu Ihrem Hund auf und helfen Sie ihm durch richtiges Verhalten ihrerseits, diese Ängste abzubauen und zu überwinden.

Auf keinen Fall sollten Sie Ihren Hund „in Watte packen“ und versuchen, vor allem zu beschützen, wovor er sich vielleicht ängstigt. Denn wenn Sie in gefährlich erscheinenden Situationen Ihren Vierbeiner auf den Arm nehmen, sich schützend zwischen ihn und das „Ungeheuer“ stellen oder mit ihm zusammen weglaufen, wird seine Angst dadurch bestätigt und eher noch verstärkt. Und lernt ein Hund nicht von klein auf, Ängste zu überwinden, kann es durchaus sein, dass er als erwachsener Hund diese Ängste mit Aggressionsverhalten überspielt. Das bekannteste Beispiel hierfür ist ein sogenannter Angstbeißer.

Gewöhnen Sie daher Ihren Hund an möglichst viele verschiedene Umweltreize (siehe auch Kapitel „Welpenspielgruppe“), damit er die unterschiedlichsten Geräusche, Gegenstände, Tiere, Artgenossen und auch Menschen kennenlernen kann. Im Haushalt gibt es viele Dinge, die ein kleiner Hund als „Ungeheuer“ ansieht. Spielen Sie mit Ihrem Vierbeiner und beziehen Sie zum Beispiel einen Staubsauger, einen Kochtopf, einen Besen und vieles mehr mit ein. Belohnen Sie ihn mit kleinen Leckerbissen, wenn er diese Dinge neugierig beschnüffelt hat oder nicht die Flucht ergreift, sobald der Staubsauger in Betrieb ist oder ein Kochtopf mal scheppernd auf den Boden fällt. Das Wichtigste dabei ist aber: Zwingen Sie Ihren Hund nie dazu, Kontakt mit etwas aufzunehmen, vor dem er Angst hat, indem Sie ihn festhalten oder sogar direkt daneben setzen. Es muss sich diesen Mut selbst erarbeiten und benötigt dafür je nach Charakter mehr oder weniger Zeit.

Solange Sie einschätzen können, dass für Ihren Vierbeiner keine Gefahr besteht, verhalten Sie sich aber immer völlig ruhig und souverän und ignorieren Sie das Angstverhalten. Der Hund wird sich bestimmt an Ihnen orientieren und wenn Sie so tun, als wäre diese „schreckliche“ Situation das Normalste auf der Welt, wird er mit der Zeit die Angst abbauen.

Wenn Sie selbst dagegen ständig um Ihren Hund Angst haben, wird sich das auf ihn übertragen.

Manche Hunde haben auch Angst vor fremden Menschen, deren Ursache meistens im Welpenalter zu suchen ist. Aber auch erwachsene Hunde, die besonders schlechte Erfahrung mit bestimmten Personen wie Männern mit Hut, Kaminkehrer, Postbote, Personen in Uniform usw. gemacht haben, können Ängste gegen ähnliche Personen entwickeln, was nur mit viel Geduld, Behutsamkeit und Zeit wieder abzubauen ist.

Ob Ihr Hund nun allgemein „fremdelt“, auch wenn er aus dem dafür typischen Alter heraus ist, oder ob er durch seine Erlebnisse Ängste gegenüber bestimmten Personen entwickelt – auf jeden Fall benötigen Sie Personen, die Ihnen dabei helfen, auch diese Ängste Ihres Hundes abzubauen. Bitten Sie jemanden mit Hundeverstand, sich mir Ihrem Hund zu beschäftigen, und zwar zunächst sehr zurückhaltend und auf keinen Fall bedrohend.

Die Person sollte in die Hocke gehen und durch ein Leckerli oder ein Spielzeug ganz in Ruhe und ohne den Hund zu bedrängen, auf sich aufmerksam machen. Nimmt der Vierbeiner den ersten Kontakt auf und fasst langsam Vertrauen, wird er leise gelobt, mit einem Leckerli belohnt und – wenn es schon geht – sanft an den Ohren oder am Hals gestreichelt. Führen Sie solch eine Übung immer mal wieder mit verschiedenen Personen, ob alt und jung, Männern und Frauen, durch. Sie werden sehen, wenn Ihr Hund nur noch angenehme Erfahrungen macht, wird er mit der Zeit auch diese Ängste abbauen.

Mit dem Hund unterwegs

Das Wort Begleithund bedeutet nicht nur, dass Ihr Vierbeiner brav neben Ihnen an der Leine läuft oder die entsprechende Prüfung abgelegt hat. Nimmt man den Begriff wörtlich, ist damit ein Hund gemeint, der Sie möglichst häufig und überallhin, wo es erlaubt ist, begleitet, ohne bei Ihnen ständig Stress auszulösen oder Sie bei Ihren Freunden oder im Urlaub unbeliebt zu machen. Im Gegenteil: Er soll möglichst souverän alle Lebenslagen meistern und zusammen mit Ihnen ein harmonisches Mensch-Hund-Team bilden, das überall gern gesehen ist.

Autofahren

Das Autofahren macht Sie und Ihren Hund im wahrsten Sinne des Wortes mobil. Da der Hund ja am liebsten bei seinem Rudel ist, möchte er natürlich auch so viel wie möglich mitgenommen werden und alles Mögliche mit Ihnen erleben. Somit ist das Gewöhnen ans Autofahren eine der Voraussetzungen, wenn Sie mit Ihrem Hund viel unterwegs sein möchten. Beginnen Sie rechtzeitig damit. Aber unternehmen Sie die ersten Ausfahrten nicht zum Tierarzt, da der Hund diesen Besuch un-

SICHERHEIT GEHT VOR!

Aus Gründen der Sicherheit darf ein Hund auf keinen Fall im Fahrgastraum ohne Sicherung untergebracht werden. Steht nur die Rücksitzbank zur Verfügung, muss der Hund mit einem speziellen Gurtgeschirr angeschnallt werden. Die im Handel angebotenen Hundedecken, die einfach hinter dem (Bei-)Fahrersitz eingehängt werden und auf die sich der Hund legen kann, schützen zwar die Sitzbank vor Hundehaaren, bei einem Unfall würde der Hund aber katapultartig durch das Auto geschleudert.

Wesentlich sicherer ist die Unterbringung in einem Kombi- oder Geländefahrzeug, und zwar im hinteren Gepäckbereich, der durch ein stabiles Gitter vom Fahrgastraum abgetrennt sein soll. Ein einfaches Gepäcknetz ist nicht stabil genug und deshalb nicht zu empfehlen. Am sichersten ist der Transport in einem speziellen Kennel oder einer stabilen Transportbox, die im Auto befestigt ist und in der sich der Hund bequem hinlegen kann. Die Verletzungsgefahr ist bei einem Unfall am geringsten, da der Hund nicht durch einen größeren Raum geschleudert wird. Ein weiterer Vorteil ist, dass im Sommer die Heckklappe des Autos offen gelassen werden kann, um ein Überhitzen des Innenraums zu vermeiden, und der Hund trotzdem unter Kontrolle ist.

Hunde sollten erst nach Aufforderung das Auto verlassen.

ter Umständen nicht gerade als angenehm empfindet und somit etwas Negatives mit dem Autofahren verknüpfen würde. Fahren Sie mit Ihrem Vierbeiner zunächst kurze Strecken, die er mit etwas Positivem verbindet, wie zum Beispiel zur nächstgelegenen Wiese, wo er mit Artgenossen herumtollen und sich lösen kann. Spielen Sie anschließend noch kurz mit ihm und fahren dann wieder nach Hause.

Wenn Ihr Hund nicht gern Auto fährt und dies durch Unruhe, Winseln oder vielleicht sogar Erbrechen äußert, müssen Sie ihn ganz langsam daran gewöhnen. Setzen Sie ihn zuerst in das parkende Auto und geben ihm ein paar Leckerli, während er sich ruhig verhält. Beim nächsten Mal füttern Sie ihn im Auto, während der Motor läuft. Wenn er sich auch daran gewöhnt hat, können Sie die erste kurze Strecke fahren und ihn danach sofort mit einem Spiel und Leckerli wieder loben. Kann sich Ihr Hund trotz häufigen Übens nicht daran gewöhnen, kann es auch ein gesundheitliches Problem sein. Suchen Sie dann den Tierarzt auf.

Auch beim Verlassen des Autos sollte der ideale Begleithund zuverlässig gehorchen. Denn viele Hundehalter machen den Fehler, dass sie Ihren Hund einfach unkontrolliert aus dem Auto springen lassen. Lassen Sie also Ihren Hund beim Öffnen der Autotür erst einmal sitzen und verwenden Sie das Kommando „Bleib", während Sie in der Umgebung umherschauen, bis Sie Ihren Vierbeiner dazu auffordern (zum Beispiel mit „Hopp"), das Auto zu verlassen. Wenn Sie konsequent bei jeder Autofahrt diesen Ablauf einhalten, wird sich der Hund sehr schnell daran gewöhnen und brav im Auto warten, bis Sie ihn zum Verlassen auffordern.

Wenn Sie eine sehr lange Fahrt hinter sich haben und auch in einer fremden Umgebung anhalten, sollte der Hund zunächst nur angeleint aus dem Auto springen. So kann er sich erst einmal dehnen, strecken und aufwärmen, bevor er seinem Bewegungsdrang nachgeht, was für seine Gelenke und Muskeln auf alle Fälle besser ist. Andererseits können Sie zusammen mit dem angeleinten Hund die Umgebung zunächst erkunden und feststellen, ob Sie Ihren Vierbeiner dort sicher laufen lassen können oder ob vielleicht eine spannende Fährte von einem Wildtier oder einer läufigen Hündin ihn dazu bringen könnte, einen Ausflug auf eigene Faust zu unternehmen.

Übungen auf dem Spaziergang

Auch wenn Ihr Garten noch so groß sein sollte: Kein Garten reicht einem Hund aus, um seinen natürlichen Bedürfnissen nachzukommen. Mit seiner guten Nase will Ihr Hund regelmäßig erschnüffeln, welcher Artgenosse wo entlanggegangen ist und was dessen Duftmarken über ihn zu berichten haben. Außerdem will er selbst seine Duftmarken setzen, um den anderen Hunden seine persönlichen „Daten“ zu signalisieren. Ein Spaziergang dient nicht nur dazu, dass Ihr Hund sich lösen kann, sondern er lernt unterwegs auch immer wieder etwas Neues und erweitert seinen Erfahrungsschatz. Er wird mit verschiedenen optischen und akustischen Reizen konfrontiert, die er mit der Zeit immer besser zuordnen kann. Er nimmt Düfte auf und lernt, Spuren zu lesen. Bei der Begegnung von Artgenossen wird sein Sozialverhalten angewendet und geschult.

Bei-Fuß-Gehen

Verbinden Sie jeden Spaziergang mit einer kurzen Übung für die Leinenführigkeit und das Bei-Fuß-Gehen, wie schon beschrieben. Wenn Sie sich in einer Gegend aufhalten, in der Sie Ihren Hund bedenkenlos frei laufen lassen können, beenden Sie eine Bei-Fuß-Übung, wenn sie gut klappt, bestätigen Sie den Hund und lassen ihn dann noch einmal sitzen. Nach einigen Sekunden leinen Sie ihn ab und geben ihn mit einem Kommando wie „Nun lauf“ oder Ähnlichem frei. Wenn Ihr Vierbeiner sehr temperamentvoll ist, loben Sie ihn beim Ableinen nicht überschwänglich, damit er nicht sofort davonprescht, sondern erst, wenn Sie das Kommando dafür gegeben haben.

Abwechslung ist wichtig

Wenn Ihr Hund herangewachsen ist und körperlich mehr belastet werden kann (je nach Rassengröße beginnt diese Zeit zwischen dem 9. und 18. Lebensmonat), gestalten Sie die Spaziergänge immer abwechslungsreicher und suchen Sie Ge-

WICHTIG!

Achten Sie besonders bei Welpen und Junghunden darauf, dass sie nicht durch zu lange Spaziergänge körperlich überfordert werden, da Gelenke und Bänder in der Wachstumsphase dadurch stark belastet werden. Auch wenn Ihr kleiner Racker noch so gern tobt und herumrennt, sollten die täglichen Spaziergänge nur allmählich verlängert werden. Eine Faustformel besagt: Mit einem jungen Hund sollte man so viele Minuten spazieren gehen, wie er Wochen alt ist. Fangen Sie bei Ihrem Welpen also mit kleinen Spaziergängen von höchstens 10 Minuten an und verlängern Sie die Zeit mit zunehmendem Alter.
Die restliche Zeit des Tages, in der Ihr kleiner Vierbeiner mit Artgenossen oder mit Ihnen spielt oder im Haus herumläuft, reicht für seine Bewegung vollkommen aus.

genden auf, in denen Ihr Hund auch verschiedene Hindernisse überwinden muss. Lassen Sie ihn zum Beispiel über einen Baumstamm balancieren, laufen Sie einen Slalom zwischen Bäumen oder Zaunpfählen, gewöhnen Sie ihn an verschiedene Untergründe wie weiche Wiesen, steinige Wege, Kiesflächen oder Sandhaufen und durchqueren Sie auch mal einen Bach. Wenn Sie sich in der Natur umschauen, werden Sie immer neue Möglichkeiten finden, wie Sie Ihren Hund abwechslungsreich beschäftigen können. Wird Ihr Vierbeiner so vielfältig gefordert, verbessert er nicht nur die Koordination seiner Bewegungen und muss seinen Kopf anstrengen, sondern er lernt dabei, ruhig und selbstbewusst mit neuen Situationen umzugehen.

Heranrufen

Das zuverlässige Abrufen muss natürlich bei jedem Spaziergang mehrfach geübt werden, da es einer der wichtigsten Bestandteile der Hundeerziehung ist. Denn je zuverlässiger ein Hund abzurufen ist, umso mehr Freiheit wird er in seinem Leben haben und muss nicht ständig an der Leine geführt werden.

Grundsätzlich gilt, dass ein Hund auf dem Spaziergang immer auf seinen Menschen achten sollte und nicht umgekehrt. Bei einem Welpen ist das kein Problem, da er sich freiwillig nie weit von seinem Rudelführer entfernt. Je älter der Hund aber wird, umso weiter wird der Radius, in dem er sich bewegt. Damit er sich nicht schließlich Ihrem Einfluss ganz entzieht, sollten Sie rechtzeitig dem entgegenwirken.

Läuft Ihr Hund nach Ihrer Meinung zu weit voraus, rufen Sie ihn nicht ständig, ohne eine konsequente Übung durchzuführen. Denn durch das ständige Rufen verliert er schnell die Lust, zu Ihnen zu kommen. Außerdem weiß er dann genau, dass Sie ja da sind, und braucht somit nicht mehr auf Sie zu achten. Ziehen

Ein Hund sollte immer zuverlässig und freudig kommen, wenn er gerufen wird.

Sie von Anfang an die Aufmerksamkeit Ihres Hundes immer wieder auf sich, damit Sie für ihn interessant bleiben.

Hierfür eignen sich besonders gut Versteckübungen. Stellen Sie sich während des Spaziergangs ohne Vorankündigung hinter eine Mauer, einen Baum oder eine Hecke, am besten so, dass Sie Ihren Vierbeiner noch beobachten können, er Sie aber nicht mehr sieht. In der Regel schaut ein Hund regelmäßig nach hinten, um sich kurz davon zu überzeugen, dass sein Mensch noch da ist. Entdeckt er Sie bei seinem nächsten Kontrollblick nicht, wird er in dem Moment alles andere vergessen und sofort umdrehen, um Sie zu suchen. Hat er Sie dann gefunden, begrüßen Sie ihn voller Freude und belohnen ihn mit einem tollen Spiel. Diese Übung sorgt dafür, dass Ihr Hund ständig versucht, in Kontakt mit Ihnen zu bleiben, und fördert die Bindung ungemein.

Sie können auch einfach abrupt die Richtung ändern. Wenn der Hund festgestellt hat, dass die Entfernung zwischen Ihnen größer geworden ist als erwartet und Sie obendrein noch woanders hingehen, wird er Ihnen neugierig folgen. Sie können auch einmal in die Hocke gehen und ganz interessiert so tun, als wäre da etwas Tolles auf dem Boden. Auch das wird der Hund sehr aufregend finden und zu Ihnen kommen.

Diese spielerischen Übungen können Sie sehr gut mit dem Heranrufen verbinden. Wenn Sie in dem Moment, in dem Ihr Hund auf Sie zugerannt kommt, „Hier" rufen und ihn beim Ankommen belohnen und mit ihm spielen, wird er auch in Zukunft immer freudig zu Ihnen kommen. Gleichzeitig wird das Kommando „Hier" erlernt und gefestigt.

Den größten Fehler, den viele Hundehalter bei der Grunderziehung machen, ist das Hinterherlaufen hinter dem eigenen Hund, wenn er nicht kommt und sich dem Menschen entziehen will. Einerseits ist er ohnehin viel schneller, sodass in der Regel kein Mensch einen Hund einholen kann. Andererseits sieht er darin ein großartiges Spiel, in dem nämlich er bestimmt, was der Mensch zu machen hat.

Vermeiden Sie es, Ihren Hund immer sofort wieder anzuleinen, wenn er zu Ihnen zurückkommt, weil dann die Gefahr besteht, dass es für ihn nicht so angenehm und interessant ist und er sich deshalb lieber Ihrem Einfluss entzieht und nicht oder erst nach Zögern zurückkommt. Belohnen Sie zwischendurch immer wieder das Zurückkommen mit einem Spiel oder einer Streicheleinheit und geben den Hund danach gleich wieder frei. Dann verbindet er etwas Positives mit dem Zurückkommen und wird auch weiterhin freudig auf Ihren Ruf reagieren.

Haben Sie einen älteren Hund übernommen, dessen Vorgeschichte nicht bekannt ist und der noch nicht so eine enge Bindung zu Ihnen hat, dass er jederzeit abrufbar ist, beginnen Sie das Training mit einer langen Leine, an der er sich bis zu einer gewissen Entfernung frei bewegen kann, mithilfe derer Sie ihn aber im Notfall zu sich zurückholen können. Wenn das Abrufen später immer so gut klappt, dass Sie die Leine gar nicht mehr einsetzen müssen, können Sie es dann schließlich auch ohne Leine üben.

Grundkommandos

Die im Kapitel über die Grunderziehung beschriebenen Übungen wie Sitz, Platz, Bleib oder Fuß können Sie natürlich auch bei jedem Spaziergang immer wieder an verschiedenen Orten und später auch unter Ablenkung üben. Es ist wichtig, dass Ihr Hund versteht, dass diese Kommandos nicht nur auf dem Hundeplatz oder im eigenen Garten, sondern überall, wohin er sie begleitet, korrekt umgesetzt werden müssen. Verwenden Sie hierbei aber immer dieselben Hör- und Sichtzeichen, damit Ihr Hund in allen Lebenslagen dasselbe Kommando richtig ausführt.

Spaziergänge in der freien Natur lassen sich durch zahlreiche Übungen – wie hier Platz unter Ablenkung – abwechslungsreich gestalten.

Die Umsetzung verschiedener Übungen beim täglichen Spaziergang kann ein ganzes Hundeleben lang erfolgen. Einerseits ist es eine sinnvolle Beschäftigung für den Hund, andererseits festigt es die Bindung zu Ihnen. Außerdem müssen auch die einfachsten Kommandos immer wieder aufgefrischt werden, damit sie, wenn es darauf ankommt, auch im höheren Alter noch genau befolgt werden.

Entspannen und genießen

Gönnen Sie sich und Ihrem Hund bei jedem Spaziergang auch eine Phase der Entspannung, in der Sie nicht ständig nach ihm rufen oder ihn zu irgendeiner Aufgabe zwingen. Lassen Sie Ihren Vierbeiner zwischendurch auch mal nach Herzenslust im Laub wühlen, nach Mäusen buddeln oder im Wasser planschen. Setzen Sie sich auf eine Bank oder einen Baumstamm und genießen Sie zusammen mit Ihrem Hund die Zweisamkeit. Streicheln Sie ihn sanft und sprechen Sie mit ihm leise und liebevoll. Auch er wird es genießen und die Beziehung zwischen Ihnen beiden wird dadurch noch vertrauter und intensiver.

Umgang mit Artgenossen

Wenn Sie nicht gerade mit einer läufigen Hündin unterwegs sind oder ungestört mit Ihrem Hund arbeiten möchten, suchen Sie Spaziergänge, auf denen Sie anderen Hunden begegnen. Es ist äußerst wichtig für das Sozialverhalten eines jeden Hundes in jeder Altersstufe, regelmäßig Kontakt zu Artgenossen zu haben. Je häufiger ein Hund, am besten schon vom Welpenalter an, Artgenossen begegnet, umso besser entwickelt sich sein Sozialverhalten und umso weniger Stress haben Sie unterwegs, wenn Sie fremden Hunden begegnen.

WICHTIG!

Mittlerweile hat sich vielerorts eingebürgert, dass sich zu bestimmten Uhrzeiten mehrere Hundehalter aus der Nachbarschaft zu einem gemeinsamen Gassigang in den nächsten Park oder in der freien Natur treffen, bei dem die Hunde miteinander toben und spielen können. Wenn Sie die Möglichkeit haben, schließen Sie sich solchen Gruppen an. Hier kommen Hunde verschiedener Rassen und unterschiedlichen Alters zusammen und können das ganze Repertoire des Sozialverhaltens lernen und umsetzen. Ganz nebenbei können Sie sich mit Gleichgesinnten unterhalten und nette Kontakte knüpfen.

Für junge Hunde ist es wichtig, Kontakt mit erwachsenen Artgenossen zu haben. So lernen sie, sich angemessen zu verhalten und Konflikte zu vermeiden.

Wenn Sie jemanden treffen, der seinen Hund völlig unbeschwert frei laufen lässt, können Sie davon ausgehen, dass die Begegnung der Hunde problemlos verläuft. Entweder begrüßen sich die Hunde kurz und gehen ihrer Wege oder sie kommunizieren und spielen miteinander. Beides ist sehr wichtig für die Hunde. Kommt Ihnen hingegen eine Person mit angeleintem Hund entgegen, ist es besser, wenn Sie zunächst Ihren Vierbeiner ebenfalls anleinen. Signalisiert Ihnen Ihr Gegenüber, dass er keinerlei Interesse an Ihnen und an Ihrem Hund hat, gehen Sie einfach ganz normal weiter und lassen Sie Ihren Hund auch nicht an dem anderen schnüffeln. Wenn beide Hundeführer ihren Vierbeiner links neben sich führen, ist es ratsam, dass Sie links an der anderen Person vorbeigehen. So bilden die Menschen eine Sicht- und Kontaktbarriere für die Hunde und ein reibungsloses Vorbeigehen ist einfacher möglich. Sie können auch, wenn genug Platz ist, einfach nach rechts abbiegen, wobei sich der Hund an Ihrer linken Seite auf Sie konzentrieren muss und weniger auf den Artgenossen achtet.

Ein Ablenken Ihres Hundes mit einem Spielzeug oder einem Leckerli unterstützt das Ganze und ist auch gleichzeitig eine wichtige Aufmerksamkeitsübung.

Gehen allerdings die Hunde dicht aneinander vorbei, kann es schon vorkommen, dass Imponiergehabe an den Tag gelegt wird und die Hunde sich anknurren, bellen und furchtbar an der Leine ziehen. Denn an der Leine – Ihrem verlängerten Arm – fühlen sie sich umso stärker, können aber auch nicht dem anderen ausweichen.

Die Begegnung mit anderen Hunden kann auch draußen mit Gehorsamsübungen verbunden werden. Die Individualdistanz zwischen den Hunden kann dabei recht unterschiedlich sein und sollte akzeptiert werden.

Bleibt die andere Person jedoch stehen und bekundet Interesse an einem Kontakt, können Sie vereinbaren, dass beide Hunde abgeleint werden und spielen können. Alternativ lassen Sie Ihren Hund sitzen oder ablegen und unterhalten sich in Ruhe mit Ihrem Gegenüber, der seinen Hund auch im Kommando haben sollte. Denn wie schon vorher beschrieben, sollten angeleinte Hunde nicht miteinander spielen, sowohl aus erzieherischen Gründen und weil sie sich verletzen können.

Normalerweise gibt es bei Begegnungen zweier verschiedengeschlechtlicher Hunde keinerlei Schwierigkeiten. Auch bei gleichgeschlechtlichen Begegnungen sollten sich gut sozialisierte Hunde vertragen. Häufig gibt es allerdings mehr oder weniger kleine Machtkämpfe insbesondere zwischen Rüden, die allerdings oft schlimmer aussehen, als sie sind. Normalerweise reicht ein Imponieren oder einen kurze Rangelei, um die Rangordnung zu klären, und beide Rüden gehen wieder ihres Weges. Wenn es allerdings einmal zu wüst werden sollte, stellen Sie sich bloß nicht daneben und brüllen auf die Hunde ein. Diese fühlen sich in der Regel durch Ihre laute und womöglich ängstliche oder hektische Stimme noch angefeuert und bestärkt. Besser ist es, wenn beide Hundeführer in verschiedene Richtungen gehen und die Hunde ihren Machtkampf unter sich allein ausmachen lassen. Allein gelassene raufende Hunde verlieren meistens schnell das Interesse aneinander, da man keinem imponieren kann und niemanden beschützen muss, und werden sich von dem Kontrahenten abwenden und ihren Menschen folgen.

Kommt es leider doch einmal zu einer ernsten Beißerei, sollten beide Hundeführer ihren Vierbeiner an den Hinterbeinen ergreifen und die Kontrahenten trennen. Versuchen Sie ruhig zu bleiben und keinen Streit mit dem anderen Hundehalter anzufangen. Untersuchen Sie beide Ihre Hunde auf mögliche Verletzungen und sprechen Sie dann mit Ihrem Gegenüber in Ruhe über die weitere Vorgehensweise.

Haben Sie einen sehr kleinen Hund, nehmen Sie ihn nur im Notfall auf den Arm, wenn Ihnen ein größerer Hund entgegenkommt, der keinen friedlichen Eindruck macht. Ideal ist es, wenn Sie den anderen Hund schon kennen und wissen, dass er ein gutes Sozialverhalten hat. Geben Sie dann Ihrem kleinen Vierbeiner die Möglichkeit, mit dem großen Artgenossen Kontakt aufzunehmen, damit er auch mit den „Großen" gute Erfahrungen machen kann. Denn wird ein Hund immer gleich hochgehoben, fühlt er sich natürlich durch seinen Menschen bestärkt und reagiert aus der höheren Position oft mit einem angstbedingten Knurren und Bellen, was den Artgenossen natürlich provoziert.

Sollte der andere Hundebesitzer seinen Vierbeiner angeleint haben und vor dessen Verhalten warnen, leinen auch Sie Ihren Hund an, gehen in einem großen Abstand vorbei oder wechseln die Richtung.

Umgang mit fremden Menschen

Insbesondere der Welpe oder Junghund, manchmal auch noch der erwachsene Hund, neigt dazu, zu allen Menschen hinzurennen, an ihnen zu schnüffeln und an ihnen hochzuspringen. Auch wenn es manchen, insbesondere denen, die selbst einen Hund haben, nichts ausmacht – nicht alle Menschen mögen das oder sind dementsprechend gekleidet. Und manche haben sogar panische Angst vor Hunden – egal wie groß oder klein diese sind!

Falls Ihr Vierbeiner gern zu Fremden hinläuft und vielleicht sogar an ihnen hochspringt, sollten Sie ihm dieses Verhalten so früh wie möglich abgewöhnen. Hierfür müssen Sie sehr weitsichtig handeln. Sobald Sie sehen, dass Ihnen fremde Personen entgegenkommen, lenken Sie die Aufmerksamkeit Ihres Hundes auf sich. Sie sollten interessanter sein als die anderen Menschen. Spielen Sie mit ihm, lassen Sie ihn sitzen oder üben Sie mit ihm das Bei-Fuß-Gehen an der Leine. Belohnen Sie dabei natürlich eine erfolgreiche Übung mit Leckerli. Nur wenn der Hund in Ihrer Nähe ist und sich auf Sie konzentriert, haben Sie die Möglichkeit, ihn zurückzuhalten, wenn er Kontakt zu den anderen Menschen aufnehmen will. Sollte er so auf Sie konzentriert sein, dass er die anderen Personen gar nicht beachtet, ist das natürlich eine besonders große Belohnung wert. Sollte er dennoch zu den Personen hingehen wollen, verwenden Sie das Kommando „Nein". Gleichzeitig bleiben Sie einfach stehen, sodass der angeleinte Hund nicht vorpreschen kann, ziehen Sie aber nicht an der Leine. Sobald er sich wieder zu Ihnen wendet und zurückkommt, wird er kräftig gelobt. Sollte das schon gut klappen, können Sie anfangen, das Ganze auch ohne Leine zu üben.

Diese Übung kann ebenso angewendet werden, wenn Ihnen Jogger, Radfahrer, Mopedfahrer oder Reiter entgegenkommen. Auch an das in den letzten Jahren in Mode gekommene Nordic Walking, bei dem nicht selten scharenweise Menschen mit Stöcken in den Händen einem begegnen, sollte Ihr Hund gewöhnt werden. Ein Hund, der diesen Sportlern das erste Mal begegnet, wird häufig durch die herumfuchtelnden Stöcke und das damit verbundene Geräusch verunsichert. Hier müssen Sie auch Ihrem Hund vermitteln, dass von diesen merkwürdigen Gestalten keine Gefahr ausgeht und er nicht bellend auf sie aufmerksam machen muss.

Das Ziel sollte sein, dass sich Ihr Hund bei einer Begegnung mit fremden Personen oder Fahrzeugen auf Ihr Kommando hinsetzt oder hinlegt und ruhig verharrt, bis Sie ihn wieder freigeben. Das wird Ihnen ein freundliches „Dankeschön" von den entgegenkommenden Personen einbringen und Sie können mit Grund stolz auf Ihren gut erzogenen Begleiter sein.

Sollten Ihnen Menschen begegnen, die gern Kontakt mit Ihrem Hund aufnehmen oder ihn streicheln möchten, geben Sie das Auflöskommando, überlassen aber Ihrem Hund zu entscheiden, ob er sich von Fremden anfassen lässt oder nicht. Wenn er den Kontakt mit anderen Menschen sucht, wird er die Streicheleinheit genießen. Wenn er das nicht mag, sollten Sie ihn nicht dazu zwingen, da das durchaus ein Aggressions- oder Meideverhalten auslösen kann. Wenn er den Kontakt durch fremde Personen akzeptieren muss, weil Sie ihn vielleicht auf Ausstellungen vorführen wollen, müssen Sie das mit ihm in aller Ruhe und möglichst verschiedenen Personen unter Zuhilfenahme von positiver Bestärkung üben.

Der Stadtspaziergang

Bei einem Stadtspaziergang wird ein Hund einer Fülle von Reizen ausgesetzt. Somit sollten Sie ihn regelmäßig mal mit in die Stadt nehmen, damit er sich daran gewöhnt, denn vielleicht möchten Sie Ihren Vierbeiner lieber beim Stadtbummel mitnehmen, als ihn allein zu Hause zu lassen, oder er soll Sie auch im Urlaub bei einer Sightseeing-Tour begleiten.

Führen Sie Ihren Hund in der Stadt grundsätzlich an der Leine, auch wenn er noch so gut erzogen ist. Abgesehen davon herrscht heutzutage in den meisten Ortschaften ohnehin ein Leinenzwang.

Beim Überqueren von Straßen bestehen Sie von Anfang an darauf, dass sich Ihr Hund an Bordsteinkanten hinsetzt und mit Ihnen eine Weile wartet, damit Sie sich in aller Ruhe davon überzeugen können, dass das Überqueren der Straße für Sie und Ihren Vierbeiner gefahrlos erfolgen kann. Während des Wartens an der Bordsteinkante hat der Hund außerdem die Möglichkeit, sich zwar konzentriert,

Bei einem Stadtspaziergang lernt der Hund, mit vielen Eindrücken und Situationen umzugehen.

aber dennoch entspannt an Ihrer Seite mit dem Verkehrsgeschehen zu beschäftigen und daran zu gewöhnen.

Suchen Sie Treppen und gehen Sie diese gesittet mit dem Hund an Ihrer linken Seite hinauf und hinab. Er sollte nie auf einer Treppe ziehen. Das kann mitunter auf glatten Treppen oder bei Schnee und Eis äußerst gefährlich werden.

Gehen Sie dicht an Schaufenstern vorbei, vor denen Lichtschächte im Bürgersteig sind. Kein Hund geht gern oder freiwillig über einen Gitterrost. Locken Sie Ihren Hund freundlich darüber, gegebenenfalls mithilfe eines Leckerli. Zwingen Sie ihn nicht mit Gewalt – er soll Ihnen vertrauen und aus eigenem Willen darüberlaufen.

Diese Übung können Sie noch steigern, indem Sie mit Ihrem Hund eine aus Metallgittern bestehende Treppe, durch die man nach unten schauen kann, aufsuchen. Vertraut Ihr Hund Ihnen, wird er auch die Angst davor überwinden, was natürlich mit Lob und Belohnung verbunden sein sollte.

Legen Sie Ihren Vierbeiner einmal vor einer Eisdiele ab und kaufen Sie sich ein Eis. Anschließend lassen Sie Ihren Hund so lange neben sich sitzen, bis Sie Ihr Eis aufgegessen haben. Wenn er artig sitzen geblieben ist – ohne zu betteln –, wird er gelobt und bekommt als Gegenleistung sein Leckerli. Anschließend geht es weiter durch das städtische Abenteuer.

Weitere Ideen und Tipps zum Vorbereiten auf den Verkehrsteil der Begleithundprüfung finden Sie in dem entsprechenden Kapitel.

Im Urlaub kann es sehr sinnvoll sein, wenn der Hund an das Überqueren von Metallgittern gewöhnt ist.

Im Restaurant oder Hotel

Wenn Sie gesellig sind und sich auch gelegentlich etwas Besonderes in einem Restaurant oder einem Hotel gönnen möchten, müssen Sie nicht unweigerlich auf Ihren vierbeinigen Begleiter verzichten. Für ihn ist es am schönsten, Sie überallhin begleiten zu dürfen. Und ist die Grunderziehung erfolgreich abgeschlossen, steht auch einem Besuch in einem feinen Lokal nichts im Wege.

Grundsätzlich kommen natürlich nur Lokalitäten infrage, in denen Hunde erlaubt sind. In der Regel gibt es aber nur wenige Restaurants, in denen Hunde verboten sind. In Hotels ist das Mitbringen von Hunden fast immer – meistens gegen ein Entgelt – erlaubt. Allerdings sind in Hotels Hunde häufig im Restaurant oder Frühstückssaal nicht erlaubt. Wenn Sie Ihren Vierbeiner also während der Mahlzeiten nicht im Zimmer oder im Auto allein lassen wollen, sollten Sie sich für ein Hotel entscheiden, in dem Sie ihn mit ins Restaurant nehmen dürfen.

Damit Sie auch in Zukunft immer wieder gern gesehener Gast in den Lokalitäten sind, müssen Sie und Ihr Vierbeiner nur einige Regeln beachten:

- Führen Sie Ihren Hund innerhalb der Gebäude und der dazugehörigen Gartenanlagen immer an der Leine.
- Im Restaurant sollte der Hund ruhig unter dem Tisch oder neben ihnen auf dem Boden liegen. Ideal sind hierfür Plätze in Wandnähe oder in einer Ecke, damit nicht so viele Menschen ständig über den Hund steigen müssen.

- Auch wenn der Hund noch so klein ist – lassen Sie ihn auf keinen Fall neben sich auf der Bank oder auf Ihrem Schoß sitzen. Das macht einen schlechten Eindruck auf andere Gäste und schadet dem Image eines gut erzogenen Begleithundes.
- Lassen Sie Ihren Hund nicht betteln und füttern Sie ihn auf keinen Fall mit Happen vom Teller. Auch das wird vom Personal und anderen Gästen nicht gern gesehen. Sollten Sie etwas von Ihrem Essen übrig haben, lassen Sie es sich vom Kellner einpacken und geben es Ihrem Hund später zu Hause oder im Hotelzimmer.
- Achten Sie darauf, dass Ihr Hund weder das Personal noch vorbeigehende Gäste ständig beschnüffelt, sich ihnen in den Weg stellt oder gar anbellt.
- Falls schon andere Gäste mit Hund in dem Restaurant sind, suchen Sie sich einen Platz möglichst weit entfernt, damit die Hunde nicht ständig Kontakt mit dem Artgenossen suchen.
- Falls das Lokal einen harten, kalten Boden hat und Ihr Hund kein besonders dickes Haarkleid besitzt, wird er sich nur ungern hinlegen. Nehmen Sie dann eine kleine Decke mit, damit er sich entspannt hinlegen kann.
- Sollte Ihr Hund unruhig werden, obwohl er in der Regel gut erzogen und geduldig ist, denken Sie nach, ob er vielleicht Durst hat oder sich draußen lösen muss. Schimpfen Sie nicht gleich mit ihm, sondern versuchen Sie, die Ursache zu finden und zu beheben. Eine Wasserschüssel bringt Ihnen gern der Kellner. Und für einen kurzen Gang nach draußen sollte immer genügend Zeit sein.
- Wenn Sie in einem Hotel übernachten, lassen Sie den Hund nicht ins Bett, da er die Bettwäsche unverhältnismäßig stark verschmutzt und meistens auch reichlich Haare hinterlässt. Gewöhnen Sie ihn von vornherein daran, dass er auf einer bestimmten Decke oder in seinem Korb schlafen soll. Ist er es gewohnt, erhöht zu schlafen, nehmen Sie eine große Hundedecke – möglichst frisch gewaschen – mit und legen Sie sie auf einen Sessel oder eine kleine Couch, wie sie in den meisten Hotelzimmern vorhanden sind. Dort kann er ruhig und bequem schlafen und nichts wird unnötig verschmutzt.
- Wenn Sie mit Ihrem Hund Gassi gehen, versuchen Sie zu vermeiden, dass er sich im Garten oder in unmittelbarer Umgebung des Hotels löst. Sollte es dennoch passieren, ist es natürlich selbstverständlich, die Hinterlassenschaften zu entfernen. Hundefreundliche Hotels bieten hierfür sogar Tüten und Abfallbehälter an.

Ideal ist es, wenn Sie beim Verlassen eines Restaurants mit Ihrem Hund aufstehen und dann erst bemerkt wird, dass Sie einen Vierbeiner dabei hatten. Solche Gäste sind immer wieder willkommen.

Welpenspielgruppe

In den ersten Wochen und Monaten ist der Hund am lernfähigsten. Sie werden als Prägungsphase, besser noch als Sozialisierungsphase bezeichnet. In dieser Phase lernt der Hund am leichtesten und am meisten und sammelt wertvolle Erfahrungen für sein späteres Leben. Somit sollte jeder Hundebesitzer bemüht sein, diese wertvolle Zeit zu nutzen und seinem Hund die Teilnahme an einer Welpenspielgruppe zu ermöglichen, denn alles dort Erlebte und Erlernte wird sich später um ein Vielfaches auszahlen. Bedenken Sie, dass diese Zeit sehr schnell vorbeigeht und niemals mehr wiederkommt.

Was sind Welpenspielgruppen?

Welpenspielgruppen sind organisierte Treffen von Welpen mit ähnlichem Alter unter der Aufsicht eines kompetenten Trainers oder Gruppenleiters. Sie sollen die Entwicklung Ihres Hundes positiv beeinflussen und Ihnen als Hundebesitzer Sicherheit im Umgang mit dem Welpen vermitteln. Außerdem haben Sie dort Gelegenheit, sich mit Gleichgesinnten zu unterhalten, gezielt Fragen rund um die Welpenaufzucht zu stellen und von Fachleuten fundierte Auskünfte zu bekommen. Nicht nur Ihr Welpe muss lernen, sondern auch Sie!

Dieser Welpe ist schon ganz gespannt darauf, was ihn wohl erwartet.

Das Mindestalter der Hunde in einer Welpenspielgruppe beträgt acht Wochen. Bis etwa zur 16. Lebenswoche können die Welpen daran teilnehmen. Welpenspielgruppen sollten ein- bis höchstens zweimal pro Woche stattfinden und etwa eine Stunde dauern. Wenn Sie Ihren Welpen frisch ins Haus geholt haben, gehen Sie bitte nicht gleich einen Tag später zu einer Welpenspielgruppe. Geben Sie ihm einige Tage zur Eingewöhnung. Bauen Sie langsam eine enge Bindung zu Ihrem Hund auf und lassen Sie Ihrem neuen Familienmitglied erst einmal etwas Zeit, sich auch an sein neues Heim anzupassen.

In der Welpenspielgruppe stehen das Spielen und der soziale Kontakt mit Artgenossen noch im Vordergrund.

Welpenspielgruppen erleichtern dem Welpen die Umgewöhnung, die er durch die Trennung von seiner Mutter und seinen Wurfgeschwistern durchleben muss, um sich in seiner neuen Welt mit Menschen und Artgenossen jeden Alters und jeden Geschlechts zurechtzufinden. Auch für die neuen Hundebesitzer ist die Welpenzeit eine sehr große Herausforderung und wichtige Phase, in der sie viel Verantwortung übernehmen.

Im Vordergrund der Welpenspielgruppen steht das spielerische Lernen der Hunde, nicht nur untereinander, sondern auch mit anderen Menschen. In dieser Phase hat auch der neue Besitzer den größten Informationsbedarf, da er zwar einerseits sehr bemüht ist, seinen Welpen auf den richtigen Weg zu bringen, andererseits durch Unkenntnis noch sehr unsicher im Umgang mit seinem und mit anderen Vierbeinern ist. Bei solchen Treffen lernt der Mensch die Körpersprache des Hundes kennen und erfährt von fachkundigen Kursleitern etwas über Verhaltensweisen und Sozialleben der Hunde. Er kann die Gesten für Spielaufforderung, Angriffslust, Dominanz, Unterordnung, Sicherheit, Unsicherheit, Unerschrockenheit und Beutetrieb direkt vor Ort beobachten.

Achten Sie darauf, dass der Trainer die Welpen nicht mit Reizen überflutet oder gar extreme Übungs- oder „Dressur"-Einheiten verlangt. Solch eine Überforderung der Hunde insbesondere in dieser sensiblen Phase, in der ein Hund am schnellsten und am meisten lernt, kann zu schlimmen, kaum wiedergutzumachenden Folgen führen. In diesem Fall bleiben Sie besser einer solchen Veranstaltung fern, machen sich auf die Suche nach einer anderen Gruppe, die eher Ihre Erwartungen erfüllt, oder treffen sich einfach regelmäßig mit anderen Hundebesitzern beim Spaziergang.

Zu einem harmonischen Welpentreffen gehört natürlich auch, dass der Übungsleiter nicht nur gut mit den Hunden umgeht, sondern sich auch auf die menschlichen Teilnehmer einstellen kann. Schnell merkt man bei gezielten Fragen, ob es sich um eine kompetente, freundliche und geduldige Person handelt

WIE FINDE ICH EINE WELPENSPIELGRUPPE?

Erkundigen Sie sich rechtzeitig bei einem ortsansässigen Hundeverein, ob dort Welpenspielgruppen angeboten werden, schauen Sie im Internet oder in Fachzeitschriften über Hunde nach oder fragen Sie beim Tierarzt oder bei anderen Hundehaltern nach. Teilweise bieten auch Züchter für ihre eigenen Würfe Welpenspieltage an.

oder eher um jemanden, der sich profilieren möchte, nicht über das nötige Wissen verfügt und (ganz schlimm!) nur den finanziellen Nutzen im Vordergrund sieht. Im Gegenteil, ein guter Übungsleiter sollte Ihnen sogar so viel vermitteln, dass Sie guten Gewissens und voller Zuversicht in die Zukunft mit Ihrem Hund schauen. Er sollte auf für Sie und Ihren Hund geeignete weiterführende Beschäftigungs- oder Ausbildungsmöglichkeiten hinweisen. Und vielleicht weckt er ja auch Ihr Interesse an hundesportlichen Betätigungen.

Optimal ist es, wenn Sie einmal zu solch einem Welpenspieltag gehen, bevor Sie sich überhaupt einen Welpen anschaffen. Wenn man erst einmal einen Welpen im Haus hat, hat man in der Regel alle Hände voll zu tun und es bleibt kaum noch Zeit – die ja für frischgebackene Welpenbesitzer bis zur 16. Lebenswoche des Hundes wie im Flug vergeht –, um sich gewissenhaft zu informieren.

Zu einem charakterfesten Hund gehören nicht nur die liebevolle Aufzucht und Haltung, sondern er muss auch die Gelegenheit haben, sich sozialisieren zu können.

Im Vordergrund des Welpentreffens stehen das spielerische Lernen der Hunde und die Festigung des Sozialverhaltens. Spielerisch lernen die Hunde „Gewinnen“ und „Verlieren“ sowie Beißhemmung den Artgenossen und den Menschen gegenüber. Die Hunde werden an akustische und optische Reize herangeführt und lernen verschiedene Untergründe und Geräte kennen (keine Sprungübungen!).

Das Programm einer Welpenspielgruppe

Bevor es mit der Welpengruppe losgeht, ist auch auf einige Formalitäten zu achten. Der Übungsleiter sollte die Impfpässe jedes anwesenden Welpen gewissenhaft überprüfen und nachfragen, ob die Hunde ordnungsgemäß entwurmt sind. Denn es ist nicht auszudenken, was passiert, wenn ein ungeimpfter oder unzureichend geimpfter Hund die anderen ansteckt! Eine Hundehaftpflichtversicherung sollte auch abgeschlossen sein, da nicht nur der Welpe, zum Beispiel beim Toben, verletzt werden könnte, sondern auch menschliche Teilnehmer, wenn sie beispielsweise über die spielenden Hunde stolpern oder vielleicht sogar umgerannt werden.

Die Größe einer Welpengruppe sollte die Anzahl von acht Welpen nicht überschreiten, da man sonst den einzelnen Hunden nicht gerecht werden könnte.

Der passende Hundespielplatz

Ideal ist es, wenn das Welpentreffen auf einem abwechslungsreichen „Naturgrundstück“ stattfinden kann. Voraussetzung hierfür ist allerdings, dass Gefahren auf diesem Gelände ausgeschlossen sind und sich kein Dritter durch die Übungseinheiten gestört fühlt. In solch einem freien Gelände lernt der junge Hund verschiedene Bodenbeschaffenheiten wie Laub, Sand, Gras, Sträucher, Bäume, Steine, Böschungen, Mulden, Hügel und vieles mehr kennen. Das i-Tüpfelchen stellt natürlich noch das Vorhandensein von Wasser dar. Gemeinsam mit anderen Artgenossen verliert ein junger Hund sehr schnell den Respekt vor diesem ihm noch fremden Element und tut sich dann in der Regel leichter, das Schwimmen zu erlernen. Obwohl die Natur den Hunden sehr viel bieten kann, muss jedoch auch hier zusätzlich für künstliche Reize gesorgt werden. Falls die Welpenspieltage auf einem künstlich angelegten Grundstück stattfinden, wie auf dem Gelände eines Hundevereins, sollte dieser Bereich eingezäunt sein.

Umweltreize

Auf dem Hundeplatz sollten den Welpen viele zusätzliche optische und akustische Reize geboten werden – ähnlich wie bei einem Abenteuerspielplatz für Kinder. Hierzu gehören sogenannte Kriechtunnel, durch die die Welpen toben können, Flatterbänder oder -tücher sowie diverse Gegenstände zum Erkunden wie zum Beispiel Eimer, kleine Klettergelegenheiten, ein Sandkasten, Naturspielzeug wie dicke Äste oder kleine Baumstämme, ein Planschbecken und vieles mehr.

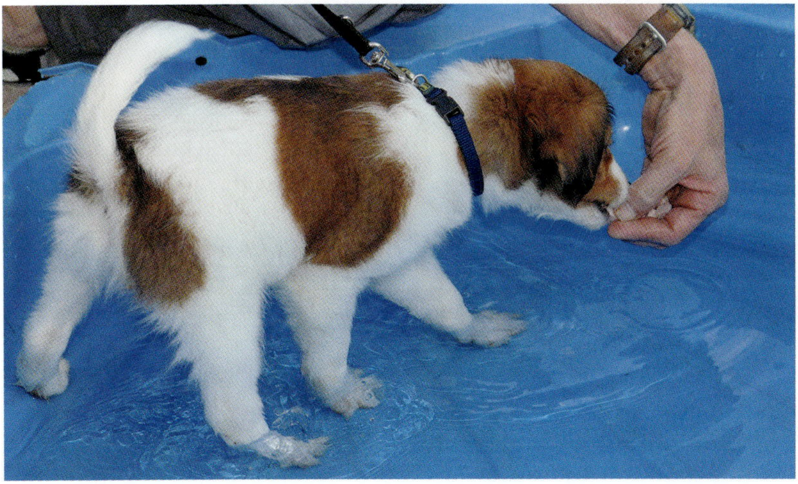

Das Planschbecken ist bei Welpen sehr beliebt. Manche müssen aber erst an das Wasser gewöhnt werden.

Während die Welpen ausgiebig – egal wo – miteinander toben, sollten noch weitere Umweltreize geboten werden. Jemand könnte mit einem Fahrrad vorbeifahren und die Klingel betätigen, einen Gong schlagen oder eine aufgeblasene Tüte zum Platzen bringen, um die Welpen an laute, ungewohnte Geräusche zu gewöhnen. Es sollte auch mal ein Auto oder ein Skater vorbeifahren oder ein Jogger herumlaufen. Vielleicht kann man auch einen Reiter mit einem wesensfesten Pferd vorbeireiten lassen.

In die Welpenspielgruppe sollen natürlich auch die Menschen mit einbezogen werden. Hierfür eignen sich Spiele, welche die Bindung festigen. Hierzu gehört selbstverständlich das sehr beliebte Versteckspiel. Herrchen oder Frauchen versteckt sich hinter einem Baum, während der Welpe von einer Hilfsperson festgehalten wird. Anschließend darf er seinen Menschen suchen und wird von ihm dann natürlich freudig begrüßt und überschwänglich gelobt.

Die ersten Übungen

In der Welpengruppe wird natürlich nicht nur gespielt, sondern es werden auch behutsam die ersten kleinen Übungen durchgeführt. Dazu gehören das An-der-Leine-Gehen ohne zu ziehen (noch kein perfektes Fußlaufen), die Übungen „Sitz“ und „Platz“, das Heranrufen Ihres Hundes und das kontrollierte Spiel mit dem Welpen und einem Spielzeug. Auch Übungen, bei denen der Welpe aufmerksam gemacht wird und er sich auf Sie konzentrieren soll, gehören dazu. Bei allem sollten Sie natürlich bedenken, dass sich der kleine Vierbeiner noch nicht lange konzentrieren kann und alle Übungen nur sehr kurz sein und mit Erfolg abgeschlossen werden sollen.

Den Welpen auf sich aufmerksam zu machen ist eine wichtige Übung in der Welpengruppe.

In der Welpengruppe wird Ihnen auch gezeigt, wie Sie Ihrem Hund etwas aus dem Fang nehmen und ihn spielerisch auf den Rücken legen. Ferner sollten Sie unter Anleitung Ihren Hund auch kleine Klettergeräte erklimmen lassen, um die Motorik zu schulen. All diese Übungen sollten noch sehr spielerisch und gänzlich ohne Zwang erfolgen. An Lob und Bestätigung durch Leckerli oder Spielzeug darf hier nicht gespart werden. Insbesondere bei den Geräten sollten Sie aber genau darauf achten, dass sich der Welpe nicht etwa durch einen Sturz verletzt und somit die Freude daran verliert.

Theorie

Im Welpenkurs wird auch etwas Theorie vermittelt. Verschiedene Themen werden vom Kursleiter angesprochen und natürlich können Sie auch alle Fragen rund um den Hund stellen. Manche Hundevereine bieten sogar noch zusätzlich zum wöchentlich stattfindenden Welpenkurs verschiedene Theorieabende an.

Zu den wichtigen Themen, die im Welpenkurs besprochen werden, gehören:

- Ernährung des Welpen
- Stubenreinheit
- der angebliche Welpenschutz
- Aufmerksamkeit und Bindung
- Richtiges Loben und Tadeln
- Dominanzprobleme
- Motivation des Welpen
- Zahnwechsel
- Kastration von Rüde oder Hündin
- Erste Hilfe am Hund und Hundeapotheke
- Beziehung Kind und Hund
- Urlaub mit dem Hund

Außerdem werden sämtliche Fragen rund um die Welpenaufzucht und Hundehaltung, die sich im Kurs ergeben, beantwortet.

Abwechslung

Zum Welpenkurs gehört es auch, dass man zwischendurch andere Orte aufsucht, damit sich der Welpe an verschiedene Situationen und Gegebenheiten besser gewöhnt.

Ein abwechslungsreicher Waldspaziergang ist für jeden Welpen sehr spannend. Hier kann er alle seine Sinne einsetzen. Der Besuch eines Bauernhofes ist sinnvoll, damit sich der Welpe an andere Tiere gewöhnt. Auch ein Stadtbesuch mit einem Gang durch die Fußgängerzone, durch den Bahnhof oder durch ein Kaufhaus sowie das Fahren von Fahrstühlen und das Steigen über große, offene Treppen sollte mit den Welpen unternommen werden. So gewöhnen sie sich an viele Menschen, laute Geräusche und andere Umweltreize.

Für alle, die später die Begleithundprüfung ablegen möchten, ist das eine hervorragende Vorbereitung, da zur Prüfung auch das ruhige und gelassene Verhalten in der Stadt gehört.

Worauf noch zu achten ist

In einer Welpengruppe sollte auf keinen Fall zum Beispiel ein acht Wochen alter Chihuahuawelpe mit einer 16 Wochen alten Dogge spielen. Da Welpen erst lernen müssen, Ihre Kräfte richtig einzusetzen, könnte solch eine Begegnung bei dem kleineren Welpen nicht nur physische, sondern auch psychische Schäden verursachen. In solchen Fällen ist es sinnvoll, die Welpen in zwei Gruppen einzuteilen, in denen Größe und Alter der Hunde zusammenpassen.

Alle Welpenbesitzer sollten mit ihren Hunden pünktlich erscheinen und erst nach Hinweis des Kursleiters ihre Welpen ableinen. Die Welpen sollten während des Spiels kein Halsband tragen, da sie sich darin verheddern und somit verletzen könnten.

Das Welpentreffen darf nicht zu lange dauern. Ein erfahrener Übungsleiter merkt sofort, wenn die Hunde und Menschen ermüden und überfordert sind – sei es durch die Toberei untereinander oder aber durch psychische Belastung. Im Einzelfall sollten sogar die „schwächsten“ Hunde vorab die Teilnahme beenden.

Der Ablauf eines Welpenspieltages muss dem Wetter angepasst werden. Bei 30 °C im Schatten sollten die Welpen nicht so lange toben, bis ihnen im wahrsten Sinne des Wortes die Zunge zum Hals raushängt. Ebenso sollte bei eisiger Kälte kein Welpe, wenn er schon müde ist, lange nass und kalt herumliegen.

HAUSAUFGABEN MACHEN

Wichtig ist, dass Sie die kleinen Übungen, die Ihnen in der Welpenspielgruppe gezeigt werden, zu Hause wiederholen.
Hier ist es aber auch wieder wichtig, nur kleine Einheiten von ein paar Minuten zu absolvieren und den Welpen auf keinen Fall zu überfordern.

Vorübungen für die spätere Ausbildung

Schon im Welpenkurs werden die Grundsteine für die spätere Begleithundausbildung gelegt. Die wichtigsten Vorübungen werden hier beschrieben.

Bindungsübungen

Der Hund wird von einer Hilfsperson festgehalten, während Sie sich zunächst nur ein kurzes Stück vom Welpen entfernen und ihn mit einem Spielzeug oder Futter zu sich locken. Wenn der Hund von der Hilfsperson losgelassen wird und freudig angerannt kommt, ist es wichtig, dass Sie sich erst mal eine Weile mit dem Hund befassen, also ihn füttern oder mit einem Spielzeug spielen, ohne gleich nach dem Hund zu greifen und ihn sofort wieder anzuleinen. Denn dadurch könnte der

Hund sich angewöhnen, nur um den Besitzer herum- oder vorbeizurennen, da er vermeiden möchte, sofort wieder an die Leine genommen zu werden.

Manche Welpen haben anfangs Probleme damit, von fremden Personen festgehalten zu werden. Hier kann es für den Hund zu Beginn der Angewöhnung einfacher sein, wenn ein leichtes Seil ohne Karabiner nur durch das Halsband geschlungen wird. Das hat den Vorteil, dass der Welpe einen gewissen Abstand zur Person hat, die ihn festhält, und somit auch etwas mehr Freiraum und sich nicht ganz so eingeengt fühlt. Man muss dann auch nicht nach dem Welpen greifen, um den Karabiner zu lösen, sondern lässt einfach nur das eine Ende des Seils los und schon ist der Hund frei. Man kann nun das Seil allmählich verkürzen und den Hund langsam daran gewöhnen, dass man ihm immer näher kommt. Ziel der Übung ist, dass sich der Hund später problemlos auch von fremden Personen am Halsband halten lässt, ohne Panik oder Aggressionen zu zeigen.

Bei der Bindungsübung hält ein Helfer den Hund fest, der es kaum erwarten kann, zu seinem Menschen hinzulaufen.

Vorübungen für Sitz

Ein Welpe ist am einfachsten dazu zu animieren, sich in die Sitzposition zu begeben, indem man einen Futterbrocken über seinen Kopf leicht nach hinten bewegt. In der Regel geht das hintere Ende des Hundes automatisch nach unten, wenn der Kopf in einem entsprechenden Winkel nach oben geht. Am Anfang hat der Hund noch direkten Schnauzenkontakt mit der Hand, die das Futterstück hält. Allmählich wird aber der Abstand zur Hundeschnauze vergrößert und die Bewegung läuft nur noch angedeutet ab. Sobald der Welpe diesen Bewegungsablauf zum Sitzen sicher ausführt, können Sie auch das Kommando dazu verwenden. Die Übung lässt sich dann noch variieren, indem der Hund mal vor Ihnen, mal links oder auch mal rechts von Ihnen sitzt. Sie können dann auch schon wenige Schritte vom Hund weggehen, um sofort wieder zu ihm zurückzukehren und ihn anschließend zu belohnen.

Vorübungen für Platz

Für die Platzposition können im Welpenalter bereits zwei verschiedene Bewegungsabläufe eingeübt werden. Eine Möglichkeit ist, den Hund von der Sitzpo-

Dieser Welpe hat die richtige Sitzposition eingenommen.

sition in die Platzposition zu bringen, indem Sie die Futterhand ein kurzes Stück nach vorn und nach unten bewegen. Der Welpe wird der Futterhand folgen und sich dadurch in die Platzposition begeben. Sie können nun auch den Hund aus der Platzposition wieder in die Sitzposition bringen, indem Sie die Futterhand nach oben bewegen und der Hund ihr folgen kann.

Die andere Variante erfolgt aus dem Stehen oder Laufen heraus und wird auch mit der Futterhand geleitet. Der Welpe soll hierbei weder zuerst mit den Vorderbeinen noch zuerst mit den Hinterbeinen nach unten gehen und die jeweilige Körperhälfte nachziehen, sondern er soll möglichst gleichzeitig mit allen vier Beinen nach unten in die Platzposition gehen. Die Beine werden also ähnlich wie bei einem Klappstuhl nach unten einklappen. Funktioniert dieser Bewegungsablauf gut, kann das Platzkommando hinzugefügt werden. Wenn hier der Bewegungsablauf von Anfang an richtig geformt wird, behalten ihn die meisten Hunde im Zusammenhang mit dem Kommando langfristig bei.

Welpen können in der Regel eine Sitz- oder Platzposition nicht lange unter Körperspannung halten. Deshalb sollten sie immer nur kurze Zeit in einer Position gehalten werden.

Vorübungen für die Fußposition und das Fußlaufen

Für diese Übungen sollte der Welpe lernen, der Futterhand zu folgen. Um die Fußposition einzuüben, ist es sinnvoll, die linke Hand zu verwenden, da sie näher beim Hund ist und Sie Ihre Körperhaltung nicht unnatürlich verändern müssen.

Nehmen Sie ein Leckerli in die Hand und motivieren Sie den Welpen dazu, der Hand ein Stück mit direktem Schnauzenkontakt zu folgen. Bestätigen Sie ihn nach nur wenigen Metern. Nun werden die Bewegungen der Futterhand allmählich ausgedehnter und abwechslungsreicher, sodass sich der Welpe etwas mehr anstrengen muss, um an das Futter zu gelangen. Wenn Sie das Gefühl haben, dass Ihr Welpe der Futterhand gut folgt, können Sie ihn mit der linken Hand auf der linken Seite ein paar Meter mitführen. Üben Sie zunächst auf einem sicheren Gelände mit möglichst wenig Ablenkung, damit der Hund freiwillig ohne Leine mitlaufen kann.

Nach dem Welpenkurs

Wenn Ihr Welpe die 16. Lebenswoche erreicht hat, ist in der Regel auch die Teilnahme an der Welpenspielgruppe abgeschlossen. Wer jetzt schon etwas Ambitionen für später hat und vor allem schon bei seinem Junghund den Grundstein für die spätere Begleithundausbildung legen möchte, sollte gleich im Anschluss an die Welpenspielgruppe eine sogenannte Junghundegruppe besuchen. Die meisten Vereine und Organisationen bieten solche Kurse im fließenden Übergang an. Hier werden sowohl Sie als auch Ihr Hund weiter gefördert.

Mit dem Führen an der Futterhand wird der Welpe nicht nur an das Fußlaufen, sondern auch an verschiedene Untergründe gewöhnt.

Schon im Junghundekurs werden Gruppenübungen durchgeführt, die später sehr hilfreich sein können, um sich für die Begleithundprüfung vorzubereiten.

Im Gegensatz zur Welpenspielgruppe wird in der Junghundegruppe der Anteil an freien Spieleinheiten für die Hunde mit Artgenossen zugunsten der Erziehungsübungen für das Mensch-Hund-Team etwas reduziert. Auch wenn der Junghund schon fast seine spätere Körpergröße erreicht hat, muss auch in diesem Kurs großer Wert darauf gelegt werden, dass er weder physisch noch psychisch überfordert wird und die Übungen mit viel Motivation und in kleinen Lernschritten vermittelt werden.

Folgende Übungen sind Bestandteile der Junghundegruppe:

- Spiel vom Hundeführer mit seinem Hund
- Motivation des Hundes
- Stärkung der Bindung durch Abruf- und Aufmerksamkeitsübungen
- Gruppenübungen
- Sitz mit Bleiben
- Platz mit Bleiben
- Erkunden verschiedener Geräte
- Konfrontation mit verschiedenen Umweltreizen
- Training von Alltagssituationen

Das freie Spiel mit gleichaltrigen Artgenossen darf natürlich nicht fehlen.

Gezielte Ausbildung für die Begleithundprüfung

Wenn Sie in Erwägung ziehen, mit Ihrem Hund offiziell an einer Begleithundprüfung teilzunehmen, stellt sich die Frage, wie und wo Sie Ihren Hund gezielt darauf vorbereiten.

Sinnvoll ist ein begleitender Kurs in einem Hundeverein, vielleicht sogar in dem Verein, in dem Sie später die Prüfung ablegen werden. Achten Sie darauf, dass es ein spezieller Kurs oder ein Training für die Vorbereitung zur Begleithundprüfung ist. Alle erforderlichen Übungen sollten hier trainiert werden, wobei besonders auf das saubere Anlernen und die korrekte Vorführung des Hundes in den Übungen geachtet wird. Außerdem werden Sie so mit dem Ablauf und den genauen Anforderungen einer Prüfung vertraut gemacht.

In den meisten Vereinen müssen Sie nicht gleich Mitglied werden, sondern können gegen eine Kursgebühr unverbindlich am Training teilnehmen. Wenn Sie sich jedoch zur Prüfung anmelden wollen, müssen Sie Mitglied in einem dem Verband für das deutsche Hundewesen (VDH) angeschlossenen Verein sein.

Die Ausbildung in der Gruppe ist äußerst sinnvoll, da Sie beim wöchentlichen Training im Verein die Anleitung zum sinnvollen Arbeiten mit Ihrem Hund bekommen. Auch die hier gebotene Ablenkung und die Hilfspersonen sind für die begleithundspezifischen Übungen notwendig. Achten Sie darauf, dass die Gruppengröße vier Hunde nicht übersteigt und nicht zu lange, dafür aber intensiv mit den Hunden gearbeitet wird.

Das Training in der Gruppe ist äußerst sinnvoll, da man hierbei mit dem Hund die für die Prüfung erforderlichen Aufgaben unter Ablenkung üben kann.

Auch die kleinsten Vierbeiner sind für die Begleithundausbildung geeignet und mit Eifer dabei.

Diese wöchentlichen Trainingseinheiten auf dem Hundeplatz reichen aber bei Weitem nicht aus, um den Hund auf die Prüfung vorzubereiten. Einen Großteil der Trainingseinheiten sollten Sie alle ein bis zwei Tage mit Ihrem Hund allein üben. Bei extrem schlechtem Wetter können kleinere Übungen im Haus erfolgen. Ein großer Garten eignet sich auch hervorragend oder suchen Sie sich auf dem Spaziergang eine gemähte Wiese oder eine andere freie Fläche, um dort mit Ihrem Hund kleine Übungseinheiten durchzuführen.

Wenn der Hundeplatz nicht zu weit weg ist, können Sie sicherlich auch dort nach Absprache mit dem Trainer außerhalb der Kurse üben. Streben Sie in jedem Training einen kleinen Fortschritt bei einer Übung an. Üben Sie lieber öfter und nicht zu lange, also lieber dreimal am Tag 10 Minuten als einmal 30 Minuten am Stück. Üben Sie möglichst nicht in der Mittagshitze bei 30 °C, sondern lieber in den kühleren Morgen- oder Abendstunden.

Motivation, positive Verstärkung und Aufmerksamkeit

Ein motivierter und aufmerksam mitarbeitender Hund ist der Schlüssel zum erfolgreichen Training, das Spaß macht. Denken Sie immer daran: Im Training sollen Sie für Ihren Hund der Mittelpunkt sein. Wenn Sie das Interessanteste auf dem Übungsgelände für Ihren Hund sind, wird er seine ganze Aufmerksamkeit Ihnen widmen. Das Training soll abwechslungsreich sein und der Hund soll ständig mit einer Belohnung oder einem Lob rechnen. Allerdings soll er nicht wissen, wann genau die Belohnung kommt, sondern die Verknüpfung entwickeln, dass er für gute Mitarbeit und erwünschte Abläufe belohnt wird. Verhalten und Bewegungsabläufe, die Sie bei Ihrem Hund positiv verstärken, wird er vermehrt zeigen. Das ist einer der Grundpfeiler der sinnvollen Ausbildung.

Sie können je nach Übungsinhalt und dem Lernziel, das Sie in den einzelnen Übungen verfolgen (beispielsweise Geschwindigkeit und/oder Präzision), verschiedene Arten der Belohnung für Ihren Hund einsetzen. Der Hund kann durch

TIPPS FÜR DIE FUTTERBELOHNUNG

- *Die Futterstücke sollten so schmackhaft sein, dass der Hund sie gern annimmt (zum Beispiel Fleischwurst, gekochtes Hühnchenfleisch, gekochtes Herz, Käse).*
- *Sie sollten in kleine, mundgerechte Stücke geschnitten werden, die der Hund leicht schlucken kann.*
- *Die Belohnungshappen werden in einem Futterbeutel, einem Futterdummy oder einer kleinen Plastikdose mitgenommen.*
- *Die Belohnungshappen werden mit der Futterhand gereicht, können aber dem Hund auch „zugespuckt“ werden, wenn er gut fangen kann.*

den Einsatz von Futterbelohnungen oder durch das Spiel mit einem Motivationsgegenstand positiv bestärkt werden. Generell könnte man als Faustregel bei einem Hund sagen, der sowohl über Futter als auch über Spielzeug gut zu motivieren ist, dass man für die Verbesserung der Präzision in den Übungen eher Futter einsetzt und für die Steigerung des Arbeitstempos mit einem Spielzeug bestätigt.

Jeder Hund sollte für sich als Individuum betrachtet werden. Das Training und die Form der Bestätigung müssen auf die Trieblage und die Mentalität des Hundes abgestimmt sein.

Wichtig bei jeder Bestätigung ist das richtige Timing der Belohnung: Der Hund muss die Belohnung zeitnah zu der Handlung erhalten, die Sie bestärken wollen. Ideal ist eine Bestätigung innerhalb einer Sekunde, sobald der Hund das erwünschte Verhalten zeigt. Wenn Sie mit einem Clicker arbeiten, muss auch das Clickgeräusch im passenden Moment erfolgen. Die Belohnung bekommt der Hund dann nach dem Clickgeräusch.

Das Bestätigen des Hundes mit einem Futterstück, das man ihm „zuspuckt“, ist sehr sinnvoll, da die Bestätigung schnell erfolgt, der Hund zu einem hochschaut und man die Hände frei hat.

ÜBUNGSAUFBAU

Komplexere Übungen gliedert man im Training zunächst in kleinere Übungsschritte auf, die dann einzeln trainiert werden. Wenn der Hund die einzelnen Übungsteile sicher beherrscht, werden sie Schritt für Schritt zum kompletten Übungsablauf zusammengesetzt.

Klare Ziele sind wichtig

Sie sollten von jedem Übungselement oder von jeder Übung ein klares Bild in Ihrem Kopf darüber entwickeln, wie der Hund und Sie diese Übung zeigen sollen. Versuchen Sie dann, gezielt auf dieses Bild hinzuarbeiten. Besonders bei einzelnen Positionen des Hundes, der Fußarbeit und dem Arbeitstempo in den Übungen sollte man immer wieder sein inneres Bild als Vorgabe im Kopf damit vergleichen, wie die Übungen gearbeitet werden.

Bestätigen Sie nicht automatisch nach einzelnen Übungselementen, sondern schätzen Sie immer ab, inwieweit das Gezeigte Ihrem Bild entspricht und ob es belohnenswert ist. Bleiben Sie sensibel für Abweichungen oder Entwicklungen weg von der perfekten Übung. Wenn Sie Probleme damit haben sich vorzustellen, wie eine nahezu perfekte Übung aussieht, lassen Sie sich zum Beispiel

Ein erfahrener Trainer gibt einem viele wertvolle Tipps und Hilfestellungen bei der Hundeausbildung.

Das richtige Spielen als Bestätigung für den Hund ist wichtig und verstärkt auch die Aufmerksamkeit des Hundes für seinen Hundeführer in der Gruppe.

Hunde vorführen, welche die Übungen, die bei der Begleithundprüfung verlangt werden, sicher arbeiten, oder schauen Sie sich in Internetportalen Videos von Hunden bei Prüfungen an, die gute Ergebnisse erzielt haben. Lassen Sie sich durch tolle Leistungen anderer nicht frustrieren, sondern eher dazu motivieren, durch sinnvolles Training diesem Ziel selbst mit Ihrem Hund näher zu kommen.

Das richtige Spielen

Für das Spiel mit dem Hund als Belohnung und Motivationsanreiz gibt es zwei Möglichkeiten. Eine ist das freie Spiel wie zum Beispiel das Ballwerfen. Die Alternative ist das kontrollierte Spiel. Hierbei halten Sie das Spielzeug anfangs in der Hand und bieten dem Hund ein Zerrspiel an. Sie können ihm dann das Spielzeug überlassen, damit er es später wieder abgibt, oder Sie behalten es die ganze Zeit über in der Hand, sodass es der Hund nach dem Zerrspiel direkt loslässt.

Für das kontrollierte Spiel eignen sich besonders Spielzeuge mit einer Schnur, Beißwürste oder auch längere Spieltaue, bei denen Sie selbst noch genügend Platz zum Festhalten haben. Achten Sie darauf, dass dem Hund dieses Spielzeug nicht den ganzen Tag zur freien Verfügung steht, sondern er nur Zugang dazu hat, wenn Sie es als Motivationsmittel einsetzen wollen.

Wählen Sie Ihre Kleidung bitte so aus, dass Sie Futter und Spielzeug schnell aus der Tasche nehmen können, um den Hund direkt aus der Tasche zeitnah bestätigen zu können. Bauchtaschen oder Futterbeutel können anfangs im Training hilfreich sein. Da diese Hilfsmittel bei der Begleithundprüfung aber nicht zugelassen sind, sollte der Hund nicht allzu sehr darauf konditioniert werden.

Es wäre für die Motivationslage des Hundes bei der Prüfung ziemlich ungünstig, wenn er verknüpft hätte, dass eine umgehängte Bauchtasche viele Belohnungen bei den Übungen bedeutet und dass es keine Belohnung gibt, wenn die Bauchtasche fehlt.

Aufmerksamkeitsübung

Auf dem Hundeplatz sollte der Hund im Idealfall Ihnen seine ganze Aufmerksamkeit schenken. Vorbereitende Übungen können Sie schon mit dem jungen Hund durchführen. Lassen Sie den Hund vor sich sitzen und nehmen Sie die Hände, die mit einigen Leckerli gefüllt sind, auf den Rücken. Nun warten Sie, bis Ihr Hund Sie zufällig von sich aus mit direktem Augenkontakt anschaut. Belohnen Sie den Hund mit Futter wechselweise aus der rechten und der linken Hand. Wichtig ist, dass der Hund Sie aus eigenem Antrieb anschaut und nicht durch eine Geste oder ein Geräusch von Ihnen dazu veranlasst wird. Diese Übung wird mehrfach wiederholt, wobei die Dauer des Blickkontakts allmählich

Bei der Aufmerksamkeitsübung soll der Hund von allein den Augenkontakt suchen. Solange er abgelenkt ist (a), reagiert man nicht. Schaut er den Menschen an (b), wird er bestätigt (c).

verlängert wird. Als Variation können Sie die gleiche Übung mit dem Hund auf Ihrer linken Seite sitzend durchführen. Nimmt der Hund auch unter Ablenkung sicher Blickkontakt mit Ihnen auf, können Sie zusätzlich ein Signalwort für den Blickkontakt einführen wie zum Beispiel „Schau“, „Watch“, „Look“ oder „Guck“.

Das Prinzip dieser Übung, nämlich dass der Hund aus eigenem Antrieb eine Aktivität zeigt, die durch Sie bestätigt wird, ist sehr sinnvoll, da es die Basis beim Erlernen neuer Übungen darstellt.

Wenn Sie ein Aufmerksamkeitswort haben, kann das bei der Prüfung sehr hilfreich sein, um den Hund vor Beginn der nächsten Übung aufmerksam zu machen, wenn er gerade abgelenkt sein sollte.

Mögliche Signale für den Hund

Für das Anlernen der verschiedenen Übungen können zusätzlich weitere Signale als Hilfen angewendet werden. Beim Ablegen der Begleithundprüfung wird aber verlangt, dass der Hund die einzelnen Übungselemente nur auf jeweils einmalige vorgeschriebene Hörzeichen ausführt. Daher müssen Sie entsprechende Hilfen gezielt wieder abbauen, um die Übungen in der vorgeschriebenen Weise bei der Prüfung mit dem Hund vorführen zu können.

Körperhilfen

Wenn Sie Ihrem Hund verschiedene Positionen, Bewegungsabläufe und Übungen beibringen, verwenden Sie zunächst gezielte Körperhilfen. Diese Körperhilfen dienen dazu, dem Hund das Erlernen zu erleichtern und ihm besser zu zeigen und verständlich zu machen, was Sie von ihm erwarten.

Mögliche Körperhilfen sind:

- Handzeichen
- Schritt- bzw. Beintechnik
- Oberkörperbewegungen und Drehungen

Hörzeichen

Die Hörzeichen für die Begleithundprüfung sind in der Prüfungsordnung vorgeschrieben. Daher sollten Sie diese Kommandos auch von vornherein verwenden.

„Fuß“: Hund geht in der Fußposition.

„Sitz“: Hund nimmt die Sitzposition ein.

„Platz“: Hund nimmt die Platzposition ein.

„Hier“ oder der Hundename: Hund kommt auf direktem Weg zum Hundeführer und setzt sich dicht und gerade vor ihn hin.

Brustgeschirr (links), Stoff- oder Lederhalsband (Mitte) und einreihiges Kettenhalsband (rechts) sind für die Begleithundprüfung erlaubt.

Besonders die Kommandos „Sitz“ und „Platz“ unterscheiden sich phonetisch nicht so stark, daher sollten Sie als Hundeführer darauf achten, dass Sie die Kommandos unterschiedlich aussprechen und betonen, um zu vermeiden, dass der Hund die Hörzeichen verwechseln kann.

Betonen Sie zum Beispiel beim „Sitz“ eher das T und verschlucken das Z am Ende etwas. Beim Platzkommando betonen Sie dagegen das P und das L am Anfang, verschlucken dann eher das T und sprechen das Z wieder deutlicher aus.

Außerdem sollten alle Kommandos schnell und prägnant ausgesprochen werden, weil der Hund dadurch zu einer schnellen Ausführung animiert wird.

TAUBE HUNDE

Grundsätzlich kann man einen tauben Hund auch für die Begleithundprüfung ausbilden und die Prüfung mit ihm ablegen. Allerdings muss dann vorher mit dem Richter abgeklärt werden, ob der taube Hund teilnehmen darf, da man natürlich nicht mit Hörzeichen arbeiten kann, wie es eigentlich bei der Begleithundprüfung Pflicht ist.

Wichtig: das Auflösewort

Neben den Hörzeichen für die Ausführung von Übungen und Positionen sollten Sie auch unbedingt ein sogenanntes Auflösewort haben, mit dem die Übung beendet wird und der Hund bei Bedarf das Futter oder Spielzeug bekommt oder sich holen darf. Achten Sie darauf, dass Sie nicht vergessen, einmal gegebene Kommandos wieder aufzulösen. Vermeiden Sie, dass der Hund sich angewöhnt, Kommandos selbst aufzulösen, wenn er abgelenkt wird oder das Gefühl hat, dass Sie gerade nicht voll auf ihn konzentriert sind.

Leine und Halsband

Leine und Halsband sind natürlich die wichtigste Ausstattung für einen Hund, ob im Alltag oder bei der gezielten Ausbildung. Aber auch hierfür gibt es bestimmte Vorschriften und Regeln, die Sie bei der Begleithundausbildung beachten sollten.

Was ist für die Begleithundprüfung erlaubt?

Bei der Begleithundprüfung sind erlaubt:

- Stoff- oder Lederhalsband, nicht auf Zug eingestellt
- Einreihiges Kettenhalsband, nicht auf Zug eingestellt
- Brustgeschirr

Verwenden Sie für das Training eine eher dünne und leichte Leine, dann ist für den Hund der Übergang zur Freifolge leichter, da er das Gewicht der Leine nicht vorherrschend spürt. Ideal ist, je nach Größe des Hundes, eine Leine zwischen 80 und 120 Zentimeter Länge mit einer Schlaufe am Ende.

Für bestimmte Übungen und für Hunde, die sich noch leicht ablenken lassen, können Sie zeitweise eine sogenannte Schleppleine (zum Beispiel mit einer Länge von 10 Meter) im Training verwenden.

Üben Sie mit Ihrem Hund von Anfang an, dass er in der Grundstellung ruhig neben Ihnen sitzen bleibt, wenn Sie ihn ab- oder anleinen. Er soll sich daran gewöhnen, dass Sie sich die Leine umhängen oder in die Tasche stecken, und auch ruhig sitzen bleiben, wenn Sie in die Tasche greifen, um die Leine herauszuholen, oder sie von der Schulter nehmen.

Die Leine sollte leicht und nicht zu lang sein und eine Schlaufe am Ende besitzen.

Wenn beim Training noch mit Futter bestätigt wird, darf die Leine in der rechten Hand gehalten werden. Hier wird der Hund auf das Einnehmen der Grundstellung vorbereitet.

Wann trainiert man mit Leine und wann ohne?

Wenn Sie ohne viel Ablenkung trainieren und Ihr Hund eine gute Bindung zu Ihnen hat und mitarbeiten möchte, können Sie sämtliche Übungen zum Erlernen der Fußarbeit ohne Leine trainieren. Die Leine ist dann nicht notwendig, da Sie über positive Verstärkung arbeiten und die Leine nicht zu Korrekturzwecken eingesetzt wird.

Wenn Sie zusammen mit anderen Hundeführern trainieren, kann es zur Absicherung wichtig sein, dass Sie den Hund teilweise angeleint führen. Wenn Sie die Futterhand noch vermehrt einsetzen, macht es dann Sinn, die Leine zunächst in der rechten Hand zu halten, um die linke Hand für Bestätigung und Hilfen frei zu haben.

In der Prüfung wird unter Leinenführigkeit das Fußgehen mit der Leine in der linken Hand verlangt. Daher ist es wichtig, dass Sie auch das Fußgehen mit der Leine trainieren. Damit der Hund nicht verknüpft, Leine in der linken Hand bedeute keine Futterbelohnung mehr, halten Sie ab und zu zusammen mit der Leine Futter in der linken Hand und bestätigen Sie ihn aus der Hand mit der Leine.

ÜBUNGEN FÜR DIE BEGLEITHUNDPRÜFUNG

Welche Übungen bei der Begleithundprüfung verlangt werden, ist im letzten Kapitel genau beschrieben. Im Folgenden finden Sie ausführliche Anleitungen, wie Sie Ihrem Hund diese Übungen korrekt anlernen und sich durch gezieltes Training auf die Begleithundprüfung vorbereiten können.

Die Grundstellung

Eine wichtige Ausgangsübung für das Fußgehen ist das sichere Einnehmen der Grundstellung. Der Hund befindet sich in der Grundstellung, wenn er auf Ihrer linken Seite mit der Schulter auf Kniehöhe parallel sitzt. Der Hund soll direkt neben Ihnen sitzen, ohne Sie dabei zu berühren oder sich an Ihnen anzulehnen. Er soll gerade sitzen und sich nicht in eine Richtung auf eine seiner Keulen setzen oder schräg sitzen. Der Hund muss lernen, sich auf das Hörzeichen „Fuß" schnell in diese Position zu begeben.

Für das Anlernen der Grundstellung sollten Sie Ihren Hund vorher an das Folgen der Futterhand gewöhnt haben (siehe Fotos a bis c). Nehmen Sie das Futter in die linke Hand und führen den Hund, der frontal auf Sie zuläuft, an Ihrer linken Seite vorbei, wobei Sie einen Ausfallschritt des linken Beins nach hinten machen. Sie wenden ihn hinten nach innen zu sich her und füh-

Zum Anlernen der Grundstellung muss der Hund schon daran gewöhnt sein, der Futterhand zu folgen.

ren dann die Futterhand an der Hundenase nach vorn. Wenn sich der Hund parallel auf Ihrer Höhe neben Ihnen befindet, halten Sie die Hand leicht über den Kopf des Hundes, bis er sich in der Sitzposition befindet.

Diesen Bewegungsablauf wiederholen Sie viele Male, bis er beim Hund automatisch abläuft und Sie das richtige Timing entwickelt haben, um den Hund in die Fußposition in der Grundstellung zu bringen. Dann üben Sie den Bewegungsablauf weiter, geben aber nun jedes Mal, wenn Sie den Hund in die Grundstellung führen, das Kommando „Fuß“.

Wenn diese Abläufe funktionieren, kommt noch ein weiterer wichtiger Schritt hinzu, nämlich das Abbauen der Körperhilfen. Zunächst reduzieren Sie den Ausfallschritt und lassen ihn schließlich komplett weg. Anschließend reduzieren Sie allmählich die Hand- bzw. Armbewegung.

Nun kommt der wichtigste Lernschritt für den Hund: Er soll nämlich verknüpfen, rein auf das Hörzeichen die Fußposition neben dem stehenden Hundeführer einzunehmen, sich also in die Grundstellung zu begeben.

Grundstellung nach Drehungen

Wenn das auch klappt, arbeiten Sie weiter am „Feintuning“ der Grundstellung. Der Hund soll lernen, die Fußposition beizubehalten, wenn Sie kleine Drehungen auf der Stelle vornehmen, und sich beim Anhalten wieder korrekt neben Sie in die Grundstellung zu setzen. Sie können zusätzlich üben, dass Sie in der Grundstellung seitlich einige Schritte nach rechts oder nach links gehen und der Hund sich seitlich in der Fußposition anschließen soll. Auch dabei helfen Sie anfangs mit der Futterhand bei der Ausrichtung in die korrekte Position.

WICHTIG!

Der Hund soll Ihnen aktiv und aufmerksam folgen und sich nach Ihrem Körper ausrichten. Sie sollten sich auf keinen Fall nach Ihrem Hund ausrichten.

Für diese Übung können Sie zwei Varianten wählen: Entweder Sie nehmen den Hund immer sofort mit, indem er sich gleich beim Losgehen anschließt, oder Sie lassen den Hund sitzen, entfernen sich ein bis zwei Schritte und er sucht erst dann auf Ihre Anweisung und Hilfestellung den Anschluss. Ziel ist auch bei diesen Übungen, dass die Handhilfen abgebaut werden und der Hund später rein auf das Kommando den Anschluss sucht und hält.

Um die Hinterhandarbeit des Hundes noch mehr zu perfektionieren, können Sie noch wie folgt vorgehen: Lassen Sie den Hund sitzen und gehen Sie zwei bis drei Schritte nach vorn vom Hund weg und anschließend noch zwei bis drei Schritte rechtwinkelig nach rechts. Sie sollten dann eine Position einnehmen, in der – wenn der Hund und Sie geradeaus schauen – Ihre Blicke zwei Linien bilden, die zueinander im rechten Winkel stehen. Aus dieser Position holen Sie dann wieder den Hund mithilfe der Futterhand in die Fußposition. Der Hund muss, um aus dieser Position einen korrekten Anschluss zeigen zu können, verstärkt seine Hinterhand einsetzen.

Beginnen Sie zunächst mit Wendungen auf der Stelle um 90, 180 und 360 Grad nach rechts. Setzen Sie zur Unterstützung die Futterhand ein, die den Hund in der Wendung mitzieht. Wenn der Hund in diesen Kurvenradien den korrekten Anschluss findet, kommt die schwierigere Variante, nämlich die Drehung auf der Stelle nach links. Hier beginnen sie auch wieder mit einer 90-Grad-Drehung. Der Hund soll nun lernen, sich mit der Hinterhand auszurichten, da er keine andere Möglichkeit hat, die Fußposition zu halten, wenn Sie sich auf der Stelle nach links drehen.

Führen Sie den Kopf des Hundes mit der Futterhand leicht nach links dicht an seinem Körper. Dadurch wird er mit dem Hinterteil in die Wendung einschwenken.

Hat Ihr Hund Probleme, seine Hinterhand zu kontrollieren und sich auszurichten, üben Sie diese Bewegung erst einmal aus dem Rückwärtslaufen heraus. Stellen Sie sich vor den Hund und lassen ihn mit der Futterhand nach hinten und dabei auch um die Kurve laufen. So lernt er, seine Hinterhand zu drehen und bewusst einzusetzen.

Haben Sie einen eher großen Hund oder tut sich der Hund mit diesen Bewegungsabläufen allgemein schwer, kann es vorübergehend auch nötig sein, dass Sie nicht ganz auf der Stelle drehen, sondern einen kleinen Bogen laufen. Wichtig ist aber trotzdem, dass der Hund bei Ihnen den Anschluss sucht und es nicht so aussieht, als würde der Hund in der Mitte stehen oder sitzen und Sie um ihn herumlaufen.

Dieser Hund geht zwar sehr motiviert mit, das Bedrängen ist beim Fußlaufen jedoch nicht erwünscht.

Die Fußarbeit

Nun soll der Hund die korrekte Fußarbeit, also das Bei-Fuß-Gehen in Perfektion, lernen. Dieses Training setzt sich aus mehreren Bestandteilen zusammen.

Beim Fußgehen wird der Hund bestätigt, wenn er die richtige Position über mehrere Schritte hält.

Losgehen in der Fußposition

Nehmen Sie den Hund in die Grundstellung und versuchen Sie, bei sich und Ihrem Hund möglichst viel Körperspannung aufzubauen. Der Hund soll aufmerksam neben Ihnen sitzen und Sie anschauen. Mithilfe der linken Futterhand führen Sie den Hund zusammen mit Ihrem linken Bein, das nach vorn geht, mit und belohnen den Hund sofort für einen guten Anschluss und die korrekte Position (Schulter auf Kniehöhe). Der Hund soll dicht, gerade und parallel zu Ihnen gehen, ohne sie beim Laufen zu berühren.

Wiederholen Sie diese Übung mehrmals nacheinander und bestätigen Sie den Hund immer nach einem Schritt, bis er der Futterhand automatisch auf Ihrer Höhe folgt. Dann erhöhen Sie langsam die Anzahl der Schritte und bestätigen den Hund, wenn er die Position durchgängig hält.

Verlässt der Hund einmal die Position, bestätigen Sie ihn nicht, sondern nehmen ihn noch einmal in die Grundstellung und beginnen von Neuem. Zwischendurch belohnen Sie ihn immer mal wieder schon beim ersten Schritt. Laufen Sie immer mit dem linken Bein los, da es das Bein auf der Seite des Hundes ist und er somit schneller erkennt, wenn Sie loslaufen.

Machen Sie zur Abwechslung ein interessantes Spiel daraus, um in der Grundstellung Spannung aufzubauen, indem Sie ein paar Mal antäuschen, dass Sie losgehen wollen. Ihr Hund soll aufpassen, wann tatsächlich losgelaufen wird. Er wird Sie aufmerksam beobachten und schon die Muskeln in der Erwartung anspannen, dass es gleich losgeht. Dadurch wird er beim Losgehen schwungvoll voller Elan mitlaufen, da er vorher schon in der entsprechenden Erwartungshaltung war.

Anhalten aus der Fußposition

Üben Sie auch gezielt das Anhalten aus dem Bei-Fuß-Gehen. Ziel ist es, dass sich der Hund später von allein hinsetzt, sobald Sie stehen bleiben. Unterstützen Sie auch hier mit der linken Futterhand, die Sie oberhalb vom Kopf des Hundes nach hinten führen. Dadurch legt er den Kopf ins Genick und setzt sich dabei hin. Achten Sie von Anfang an darauf, dass der Hund in der korrekten Position neben Ihnen sitzt, also weder zu weit vorn, hinten oder schräg, und sich nicht an Ihren Körper anlehnt, sondern frei, aber dicht neben Ihnen sitzt.

Beim Anhalten können Sie zwei verschiedene Schritttechniken anwenden. Zum einen können Sie zuerst den rechten Fuß absetzen und dann den linken Fuß parallel daneben stellen, sodass sich der Hund in dem Moment hinsetzt, in dem Sie den linken Fuß absetzen. Sie können aber auch den linken Fuß zuerst absetzen und dann den rechten Fuß dazustellen, während sich der Hund hinsetzt.

Es ist egal, für welche der beiden Varianten Sie sich entscheiden. Sie sollten sich aber immer denselben Ablauf mit Ihren Beinen angewöhnen, wenn Sie mit dem Hund bei Fuß anhalten.

Hier sitzt der Hund zu schräg (a).
Hier sitzt der Hund zu weit vorn (b).
Hier sitzt der Hund in der korrekten Position (c).

Achten Sie darauf, dass sich der Hund richtig hinsetzt und nicht mit dem Hinterteil mehrere Zentimeter über dem Boden schwebt. Gerade Hunde mit sehr kurzem Fell haben oft Probleme, sich bei matschigem oder kaltem Untergrund richtig hinzusetzen (oder auch hinzulegen). Trifft das auf Ihren Hund zu, üben Sie nur wenige Male auf solch einem Untergrund und belohnen Sie den Hund dann besonders intensiv. Verlegen Sie das Training bei extremen Wettersituationen an einen Ort unter Dach oder ins Haus.

Fußposition im Laufen halten

Üben Sie nun das Fußgehen über mehrere Schritte und bauen schließlich Wendungen und Tempowechsel ein.

Beim Laufen sollte der Hund die richtige Fußposition halten und aufmerksam nach oben schauen.

Zunächst beginnen Sie damit, unterschiedlich lange Strecken geradeaus zu gehen. Wichtig ist, dass der Hund nicht weiß, wann er die Belohnung bekommt, sondern immer in der Erwartungshaltung in der korrekten Position bleibt, um seine Belohnung zu erhalten. Bei Hunden, die Futter gut fangen, können Sie auch während des Laufens Wurst- oder Käsestücke, die Sie selbst im Mund halten, zum Hund herunterfallen lassen. Dadurch kann die Aufmerksamkeit des Hundes weiter gesteigert werden und die Belohnungen sind für den Hund nicht direkt sichtbar.

Als Abwechslung und zum Üben des Einnehmens der korrekten Fußposition können Sie auch ein paar Schritte zügig rückwärts gehen, wobei der Hund direkt vor Ihnen hinterherläuft. Sie können sich dann entweder selbst zum Hund in die Fußposition eindrehen und ihn belohnen, wenn er danach wenige Schritte korrekt mitgeht.

Oder Sie gehen nach dem Rückwärtslaufen wieder vorwärts, wobei der Hund den Anschluss in die Fußposition sucht, indem er sich auf Ihrer linken Seite zu Ihnen nach innen eindreht.

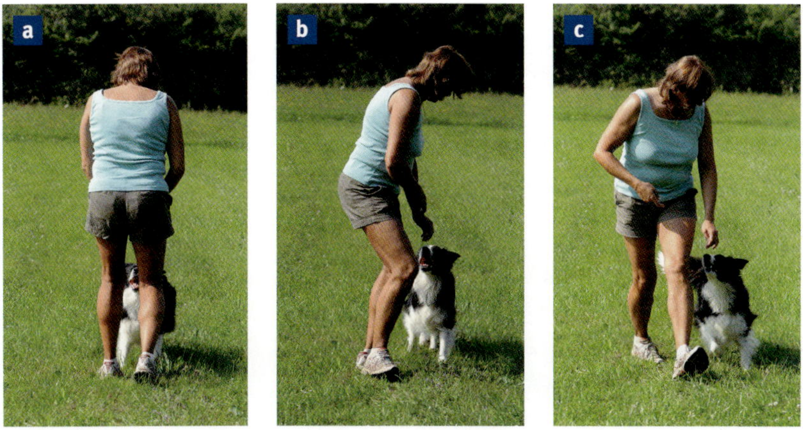

Eine andere Möglichkeit zum Üben der richtigen Fußposition ist diese Variante: Der Hundeführer geht zunächst rückwärts (a) und dreht sich dann selbst zum Hund (b), um die richtige Fußposition einzunehmen (c). Auch hierbei wird der Hund zunächst mit der Futterhand geführt.

Für das Vorbereiten des korrekten Mitlaufens auch bei Wendungen können aufgestellte Pylonen oder in den Boden gesteckte Stäbe hilfreich sein. Stellen Sie fünf bis zehn Pylonen oder Stäbe im Abstand von je 2 bis 3 Meter in einer Reihe auf und laufen dann wie in einem Slalom hindurch. Hier geht es nicht darum, eine besonders schnelle und direkte Linie durch den Slalom zu finden, sondern dass der Hund lernt, trotz der ständigen leichten Richtungswechsel die korrekte Fußposition beizubehalten und den Anschluss an Ihr Bein (ohne es zu berühren) aufrechtzuerhalten. Sie gehen also immer mittig zwischen den Pylonen durch und halten während des ganzen Slaloms einen gleichmäßigen Abstand zu den Pylonen.

Besondere Aufmerksamkeit müssen Sie auf den Übergang vom Rechts- in den Linksbogen und umgekehrt legen. Beim Rechtsbogen läuft der Hund mehr Strecke als Sie, er muss sich hier bemühen, etwas flotter zu laufen, um den Anschluss an Sie zu halten. Beim Linksbogen muss er sich eher zurücknehmen, um nicht auf Ihr Bein aufzulaufen. Diese Übung fordert also in hohem Maße die Aufmerksamkeit des Hundes beim Fußgehen.

Als Abwandlung können Sie auch eine doppelte Reihe Pylonen parallel mit jeweils 3 Meter Abstand aufstellen. Laufen Sie dann immer um zwei Pylonen, die in der Reihe stehen, herum. Das ergibt einen Slalom, der noch mehr geschwungen ist mit kurzen geraden Passagen dazwischen. Zur Abwechslung können Sie auch zwischendurch mal komplett links oder rechts herum mit dem Hund um eine Pylone gehen.

Indem man einige Schritte rückwärts (a) und anschließend wieder vorwärts geht (b) und dabei den Hund mit der Futterhand führt, kann man das Einnehmen der korrekten Fußposition üben.

Um das Gehen durch eine Personengruppe zu üben, wenn mal keine Helfer zur Verfügung stehen, kann man auch vier Pylonen mit jeweils 4 bis 5 Meter Abstand im Quadrat anordnen. Gehen Sie dann in Form einer Acht um jeweils zwei Pylonen herum, sodass sich der Hund einmal an der Innen- und einmal an der Außenseite der Pylonen (später Personen) befindet. Anschließend können Sie auch noch das Anhalten in der Nähe einer Pylone üben.

90-Grad-Wendungen

Jetzt werden die 90-Grad-Wendungen in die Fußarbeit mit eingebaut. Wichtig bei der Wendung ist, dass Sie sie mit einer sinnvollen Schritttechnik laufen und dem Hund dadurch helfen, selbst eine korrekte Wendung zu zeigen. Leiten Sie die Rechts- und Linkswendung jeweils mit dem linken Bein ein, indem Sie es in die gewünschte Richtung so vor Ihr rechtes Bein stellen, dass aus beiden Beinen ein L gebildet wird.

Rechtswendung bedeutet also, dass Sie das linke Bein nach rechts gedreht direkt vor Ihr rechtes Bein stellen. Machen Sie dann mit dem rechten Bein einen kleinen Schritt in die Laufrichtung und laufen Sie mit dem linken Bein aus der Wendung heraus.

Bei der Linkswendung setzen Sie das linke Bein im 90-Grad-Winkel nach links gedreht nach vorn und verfahren dann analog wie bei der Rechtswendung. Wenn Sie jeweils beim ersten Schritt mit dem rechten Bein leicht auf der Fußsohle drehen, fällt Ihnen die Wendung leichter.

ÜBUNGSHILFEN FÜR 90-GRAD-WENDUNGEN

Stellen Sie vier Pylone in der Form eines Quadrats (Schenkellänge mindestens 4 Meter) auf und laufen Sie mit oder gegen den Uhrzeigersinn um das Quadrat herum. Üben Sie jeweils an den Ecken korrekte Wendungen nach rechts oder nach links. Achten Sie darauf, dass Sie besonders mit dem Hund an der Innenseite des Quadrats genügend Abstand zu den Pylonen einhalten, damit Ihr Hund noch genügend Raum zum Laufen hat und nicht zu dicht an oder über die Pylonen laufen muss.

Achten Sie darauf, dass Sie korrekte Winkel laufen und keine Bögen. Üben Sie die Bewegungsabläufe in den Wendungen zunächst ohne Hund, bis sie bei Ihnen automatisiert ablaufen. Lassen Sie sich eventuell von einem Trainer oder anderen Hundeführer kontrollieren, wenn Sie nicht sicher sind, ob der Bewegungsablauf korrekt ist.

Üben Sie zusammen mit dem Hund zuerst die Rechtswendung, da sie meist Ihnen und Ihrem Hund leichter fallen wird. Helfen Sie dem Hund in der Wendung, indem Sie ihn mit der linken Futterhand mitführen. Die Linkswendung ist für Sie und Ihren Hund vom Ablauf her etwas komplexer. Der Hund muss bei dieser Wendung lernen, die Hinterhand aktiv einzusetzen, um den korrekten Anschluss in der Fußposition halten zu können. Wenn Sie beim Einnehmen der Grundstellung schon die Wendung mit der Hinterhand mithilfe der Futterhand geübt haben, wird es Ihrem Hund nicht schwer fallen, sich auch hier richtig auszurichten.

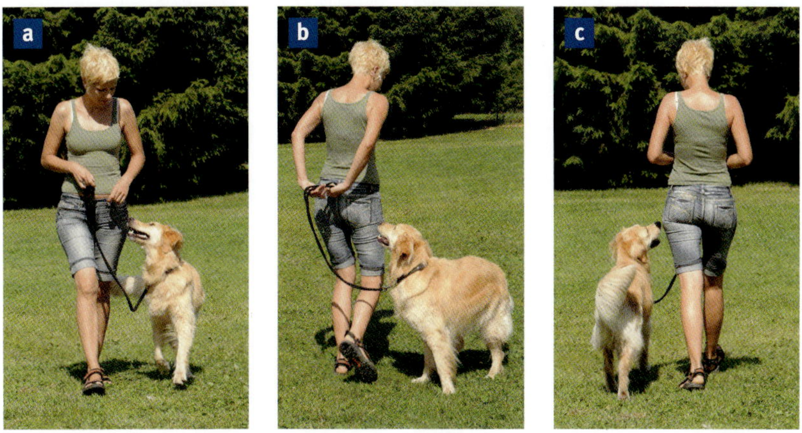

Bei der traditionellen Linkskehrtwendung läuft der Hund außen um den Hundeführer herum, wenn dieser die Kehrtwendung durchführt.

Vergrößern Sie beim weiteren Training den Abstand zwischen Hand und Hundeschnauze allmählich, um schließlich die Futterhand ganz abzubauen, denn bei der Prüfung müssen Sie die Wendungen ohne Handhilfe laufen.

180-Grad-Wendungen

Die 180-Grad-Wendungen werden auch als Kehrtwendungen bezeichnet. Üben Sie zunächst die Rechtskehrtwendung, die an der Begleithundprüfung zwar nicht verlangt wird, aber im Training sinnvoll ist, um den Anschluss des Hundes beim Fußgehen zu festigen.

Von der Schritttechnik her laufen Sie die Rechtskehrtwendung wie zwei 90-Grad-Rechtswendungen direkt nacheinander. Auch hier ist es wichtig, auf der Stelle zu wenden und keine Bögen zu laufen. Helfen Sie dem Hund anfangs mit der linken Futterhand, damit er auch in der Wendung dicht am Bein bleibt und nicht zurückfällt. Diese Hilfe wird dann allmählich abgebaut.

Dieser Hund beherrscht schon die exakte Linkskehrtwendung.

Die Linkskehrtwendung kann mit dem Hund bei der Begleithundprüfung auf zweierlei Arten gezeigt werden:

- Bei der traditionellen Linkskehrtwendung läuft der Hund entgegengesetzt um den Hundeführer herum, während dieser sich nach links dreht. Es eignet sich vor allem für sehr große und eher etwas unbeweglichere Hunde (siehe Fotos S. 97).
- Bei der doppelten Linkswendung bleibt der Hund innen am Fuß des Hundeführers und richtet sich mithilfe von der Hinterhandarbeit aus (siehe Fotos S. 98).

Die Linkskehrtwendung laufen Sie wie zwei 90-Grad-Linkswendungen direkt nacheinander. Helfen Sie auch hier mit der Futterhand. Führen Sie bei der ersten Variante das Futter hinter Ihrem Rücken mit herum und wechseln Sie es dann wieder von der rechten in die linke Hand. Bei der Leinenführigkeit müssen Sie bei dieser Wendung auch mit der Leine einen Handwechsel vornehmen.

Die zweite Variante der Linkskehrtwendung verlangt vom Hund eine exakte Hinterhandarbeit. Nur dann ist es möglich, auf der Stelle zu wenden, ohne einen großen Bogen um den Hund herumlaufen zu müssen. Helfen Sie bei dieser Wendung dem Hund mit der Futterhand, indem Sie in der Wendung die Futterhand von sich weg nach außen führen und der Hund somit den Kopf leicht nach außen dreht und dann automatisch mit dem Hinterteil nach innen schwenkt. So bleibt er in der Fußposition. Auch diese Handhilfe muss wieder reduziert und schließlich komplett abgebaut werden.

Tempowechsel

In der Begleithundprüfung werden drei Gangarten in der Fußposition gefordert. Die meiste Zeit läuft das Team in der normalen Gangart, die etwas schneller sein sollte als das normale Spaziertempo. Die Arme sollten bei der Prüfung leicht geschwungen werden, denn eine starre Armhaltung wird mit Punktabzug bestraft.

Hinzu kommen noch ein sogenannter Laufschritt (dezentes Joggingtempo) und der langsame Schritt. Für die meisten Hunde ist es ideal, wenn sie in der normalen Gangart des Hundeführers im leichten Trab folgen können. Im Laufschritt sollen sie einen starken Trab zeigen und nicht galoppieren. Ausnahme sind extrem kleine Hunde, die wegen ihrer kurzen Beine und geringen Schrittweite sehr schnell in den Galopp fallen. Im langsamen Schritt soll der Hund ebenfalls im Schritt gehen. In allen drei Gangarten müssen Sie mit Ihrem Hund die ideale Schrittlänge und das ideale Tempo austesten.

Das Durchlaufen eines Stangen-U ist eine gute Übungshilfe für die Kehrtwendung.

ÜBUNGSHILFEN FÜR KEHRTWENDUNGEN

Um zu kontrollieren, ob Sie auch selbst eine korrekte Kehrtwendung auf kleinem Raum mit Ihrem Hund laufen, können Sie zum Beispiel Stangen in der Form eines U auf den Boden legen und auf dieser begrenzten Fläche Kehrtwendungen mit dem Hund laufen. Die Unterseite des U sollte etwa 1,20 bis 1,50 Meter lang sein, die seitlichen Schenkel etwa 2,50 bis 3 Meter. Nun achten Sie darauf, dass Sie genau mittig in dem U wenden. Man kann in dem U sowohl Rechts- als auch Linkskehrtwendungen üben. Alternativ kann man sich auch eine begrenzte Fläche mithilfe eines mobilen Zauns abstecken oder eine größere Anzahl von Pylonen in der Form eines U aufstellen.

Bei jedem Tempowechsel ist ein Fußkommando erlaubt. In der späteren Prüfung wird die Reihenfolge normaler Schritt, Laufschritt und langsamer Schritt verlangt. Es soll immer direkt in die andere Gangart gewechselt werden, ohne dass Zwischenschritte gezeigt werden. Wenn Sie einen kleineren Hund haben, machen Sie eher kürzere Schritte, während Sie bei einem sehr großen Hund ausladende Schritte machen können und schauen müssen, dass Sie den Hund beim Loslaufen sofort auf die richtige Geschwindigkeit bringen.

Auch beim Tempowechsel sollte der Hund in der richtigen Fußposition bleiben. Dieser Hund läuft zu weit vorn.

Nicht zu lange üben

Wenn Ihr Hund nun zunehmend sicher bei Fuß geht, denken Sie daran, dass das extrem aufmerksame, dichte und korrekte Fußgehen in dieser Form eher für den Prüfungsteil auf dem Hundeplatz benötigt wird. Lassen Sie den Hund beim Spaziergang oder beim Bummel durch die Fußgängerzone nie über längere Zeit exakt bei Fuß gehen. Wenn Sie nicht darauf achten können, ob der Hund korrekt läuft, und wenn

KLEINE HILFE FÜR EINE GUTE FUSSPOSITION

Um die Fußposition weiter zu verbessern und damit Ihr Hund zunehmend Selbstvertrauen in der Fußposition bekommt, können Sie das Bei-Fuß-Gehen dicht entlang von Zäunen, Hecken, Mauern oder Ähnlichem üben und auch in geringem Abstand zu einer seitlichen Begrenzung anhalten. Dadurch wird gefördert, dass der Hund beim Anhalten gerade sitzt und beim Fußgehen gerade und nicht schräg neben oder leicht vor dem Hundeführer läuft.

Die richtige Fußposition des Hundes lässt sich gut üben, indem man dicht an einem Zaun entlangläuft.

Auch die korrekte Sitzposition in der Grundstellung kann neben einem Hindernis geübt werden.

der Hund überfordert wird, weil er diese exakte Position unter zu viel Ablenkung zu lange halten soll, wirkt sich das negativ auf das motivierte Arbeiten des Hundes aus.

Vielleicht meinen Sie, dass es für den Hund keine große körperliche Anstrengung ist, wenn er bei Fuß geht. Lassen Sie sich von dem moderaten Tempo aber nicht täuschen. Es ist für den Hund sehr anstrengend, wenn er mit hoher Kör-

WICHTIG!

Wenn Sie längere Strecken mit dem Hund mit oder ohne Leine laufen und er in einem gewissen Abstand neben Ihnen laufen soll, verwenden Sie ein anderes Kommando wie zum Beispiel „Bei mir", das bedeutet, dass der Hund zwar mitgehen soll, aber in entspannterer Haltung und ohne den permanenten Blickkontakt zu Ihnen halten zu müssen. Wenn beispielsweise ein Reiter, Radfahrer oder Fahrzeug entgegenkommt, können Sie den Hund kurz zur besseren Kontrolle in die korrekte Fußposition nehmen und ihn nach der Ablenkung wieder entlassen.

perspannung und immer darauf bedacht, die korrekte Fußposition einzuhalten, neben Ihnen läuft. Das ist für den Hund physisch und psychisch eine nicht zu unterschätzende Leistung. Sie können natürlich auf dem Spaziergang immer mal wieder eine kurze Einheit korrektes Fußgehen zu Trainingszwecken einschieben, bei denen auch Sie voll konzentriert mit dem Hund arbeiten. Aber übertreiben Sie es bitte nicht!

Die Sitzübung

Diese Übung hat sich, was den Ablauf betrifft, seit Inkrafttreten der neuen Prüfungsordnung für die Begleithundprüfung im Jahr 2012 wesentlich verändert.

Während früher eine Ausführung des Sitzkommandos aus der Bewegung verlangt wurde, der Hund sich also aus dem Fußlaufen heraus auf das Sitzkommando hinsetzen sollte, geht nun der Hundeführer 10 bis 15 Schritte mit dem Hund in der Fußposition und hält dann an, worauf sich der Hund wie auch sonst beim Anhalten aus dem Fußlaufen sofort und selbstständig gerade neben den Hundeführer hinsetzen soll. Der Hundeführer wartet dann etwa 3 Sekunden, gibt das Kommando „Sitz“ und entfernt sich danach sofort vom Hund. Anstatt der früher geforderten Distanz von 30 Schritten geht der Hundeführer nun nur noch 15 Schritte weiter.

Beginnen Sie das Training für diese Übung damit, dass Sie Ihrem Hund zunächst die korrekte Sitzposition beibringen.

Dabei soll der Hund mit Körperspannung auf seinen Keulen sitzen und nicht nach einer Seite wegkippen. Wenn man die Futterhand nach hinten über den Kopf des Hundes führt, setzen sich die meisten Hunde automatisch hin. Sollte der Hund zunächst ein paar Schritte rückwärts laufen, ignorieren Sie es und beginnen nochmals neu. Nach ein paar Wiederholungen haben Sie in der Regel die Technik und den Winkel gefunden, in dem Sie die Futterhand zum Hund bewegen müssen, um ihn in die Sitzposition zu bringen. Haben Sie ein paar erfolgreiche Versuche durchgeführt und der Hund bekam im Sitzen die Belohnung, wird er sich anstrengen, den Bewegungsablauf wieder zu zeigen. Üben Sie zunächst, indem Sie frontal vor dem Hund stehen.

Wenn der Hund die Sitzposition vor dem Hundeführer sicher ausführt, üben Sie das Sitzen neben Ihnen in der Fußposition. Wenn auch das klappt, beginnen Sie, dem Hund mithilfe des Hörzeichens „Sitz“ beizubringen, dass er sitzen bleibt, während Sie sich zunächst einen und dann immer mehr Schritte von ihm entfernen. Belohnen Sie den Hund beim Zurückkommen, wenn Sie wieder neben ihm stehen, für das Bleiben in der Sitzposition. Steigern Sie die Distanz zum Hund allmählich auf mindestens 15 Schritte.

Wenn Sie zum Hund zurückkehren, achten Sie darauf, dass Sie immer nur zurückgehen, wenn der Hund gerade Blickkontakt mit Ihnen hält. Das hat den Vorteil, dass der Hund sieht, wie Sie wieder auf ihn zukommen, und Sie nicht auf einmal dicht vor ihm stehen, während er spazieren schaut. Außerdem konditionieren Sie den Hund darauf, den Blickkontakt mit Ihnen zu halten. Denn er verknüpft damit, dass er Sie durch seinen Blickkontakt dazu bewegt, zu ihm zurückzukommen, und dass Sie nicht zurückkommen, solange er keinen Blickkontakt aufnimmt.

Zur Abwechslung bestätigen Sie den Hund mit einem Spielzeug und dem gleichzeitigen Auflösen der Übung, wenn er bereits die Sitzposition sicher ausführt. Hierfür müssen Sie nicht immer ganz zum Hund zurücklaufen, sondern können ihm das Spielzeug auch aus ein paar Metern Entfernung zuwerfen. Dann darf er aufstehen und sich das Spielzeug schnappen.

Falls Ihr Hund im Sitzen die Körperspannung nicht hält und zum Beispiel dazu neigt sich hinzulegen, nachdem er kurz gesessen hat, probieren Sie Folgendes: Lassen Sie etwa 10 Meter vor dem Hund das Spielzeug auf den Boden fallen, während Sie vom sitzenden Hund weggehen. Sie können nun zum Hund zurückgehen und von dort auflösen oder Sie gehen nur ein paar Schritte auf den Hund zu und lösen dann auf. Der Hund kann nun mit Ihnen zum Spielzeug um die Wette laufen.

Der Hund soll ruhig sitzen bleiben, wenn sich der Hundeführer von ihm entfernt.

Achten Sie gerade bei der Sitzübung auf Abwechslung im Training, damit der Hund in dieser doch eigentlich eher statischen Übung motiviert mitarbeitet. Vermeiden Sie auf jeden Fall, dass Sie die Übung zu oft hintereinander prüfungsmäßig durchführen, das heißt, laufen Sie nicht immer die vorgeschriebenen 10 bis 15 Schritte aus der Grundstellung los (siehe Begleithundprüfung), halten an und geben dann das Sitzkommando, bevor Sie weitergehen. Hunde können sich wiederholende Abläufe sehr schnell einprägen. Damit laufen Sie Gefahr, dass der Hund das Sitz schon vorwegnimmt, bevor Sie das Hörzeichen geben, oder sogar aus der Grundstellung nur zögerlich oder fast gar nicht mehr mitgehen möchte, da er vermutet, dass gleich das Kommando zum Sitzen kommen könnte. Binden Sie die Sitzübung abwechslungsreich in die Fußarbeit ein und machen Sie nur wenige Wiederholungen.

Ablegen in Verbindung mit Herankommen

Auch diese Übung hat sich seit Inkrafttreten der neuen Prüfungsordnung wesentlich verändert, und zwar was die erste Hälfte der Übung betrifft. Nach alter Prüfungsordnung sollte das Platzkommando direkt aus der Bewegung heraus ausgeführt werden. Heute geht der Hundeführer zusammen mit dem Hund in der Fußposition 10 bis 15 Schritte, hält dann an und der Hund setzt sich selbstständig und gerade neben dem Hundeführer hin.

Nach einer kurzen Pause von etwa 3 Sekunden gibt der Hundeführer dann das Platzkommando und der Hund soll sich schnell und gerade hinlegen, während sich der Hundeführer unmittelbar nach dem Aussprechen des Hörzeichens 30 Schritte vom Hund weg bewegt.

Die Platzübung sollte beim Anlernen in mehrere kleine Übungsteile aufgegliedert werden, die Sie Ihrem Hund zunächst getrennt voneinander beibringen und erst später zu einer Einheit zusammenfassen.

Die Platzübung für die Begleithundprüfung wird in

- das Einüben der Platzposition mit Bleiben
- das schnelle Herankommen
- das Vorsitzen
- das Überwechseln in die Grundstellung

aufgegliedert.

Platzposition einnehmen

Um diese Übung später korrekt zeigen zu können, ist es wichtig, dass der Hund die richtige Technik erlernt, um sich auf das Platzkommando aus der Sitzposition hinzulegen.

Sie üben zunächst nur den Bewegungsablauf, mit dem sich der Hund in die Platzposition begibt. Nehmen Sie dazu Futter in eine Hand und lassen den Hund zunächst Kontakt mit der Futterhand aufnehmen. Dann führen Sie die Futterhand schnell nach unten so vor den Hund auf den Boden, dass er sich zügig und gerade ablegt, um an seine Belohnung zu kommen. Achten Sie von Anfang an auf ein gutes Ausführungstempo. Bestätigen Sie den Hund, wenn er den Bewegungs-

Bei kleinen Hunden kann es sinnvoll sein, sich selbst hinzuhocken, um mit dem Hund den Wechsel vom Sitz ins Platz zu üben.

ablauf einmal beherrscht, nur noch für eine zügige Ausführung. Achten Sie auch darauf, dass der Hund immer in der Sphinxposition liegt, er also nicht seitlich abkippt und sich bequem hinlegt. Dann hat er es später leichter, beim Abrufen aufzuspringen und flott zu Ihnen zu laufen.

Wenn sich der Hund eher langsam hinlegt, können Sie den Positionswechsel vom Sitz ins Platz auch frontal vor ihm stehend üben. Verwenden Sie dabei bei Bedarf auch ein Spielzeug, das Sie schnell vor dem sitzenden Hund auf den Boden führen. Er bekommt es dann, wenn er sich schnell nach unten zum Spielzeug in die Platzposition bewegt. Schließlich verlagern Sie diese Übung auf die linke Seite und variieren dort zwischen Futter oder Spielzeug und reduzieren allmählich die Hilfe. Sollte Ihr

Bei der Platzübung läuft der Hundeführer zunächst 10 bis 15 Schritte mit dem Hund bei Fuß (a). Dann hält er an und der Hund sollte sich selbstständig hinsetzen (b). Nach 3 Sekunden gibt der Hundeführer das Kommando „Platz" und entfernt sich von dem abliegenden Hund (c).

Hund dazu neigen, sich schräg abzulegen, können Sie das linke Bein leicht nach vorne stellen, damit es für den Hund eine seitliche Barriere darstellt.

Jetzt soll der Hund lernen, nach dem korrekten Bewegungsablauf ins Platz an dieser Stelle in genau dieser Position zu bleiben. Sie gehen also zunächst nur wenige Schritte vom Hund weg, kehren dann zügig zurück und bestätigen ihn fürs Bleiben. Verlängern Sie nun allmählich die Entfernung bis auf die Prüfungsdistanz von 30 Schritten. Bestätigen Sie den Hund ab und zu aber immer wieder in dieser Übung für das schnelle Einnehmen der Platzposition, indem Sie nach wenigen Schritten schon wieder zurückgehen und ihn noch im Platz belohnen.

Als nächster Schritt folgt nun, dass Sie mit Ihrem Hund das schnelle und prompte Einnehmen der Platzposition üben, wobei Sie die Hilfen langsam abbauen und Ihren Hund nicht mehr sofort bestätigen, sondern erst belohnen, wenn Sie wieder zu ihm zurückkommen. Steigern Sie allmählich den Abstand zum Hund auf die Prüfungsdistanz von 30 Schritten.

Variieren Sie im Training aber immer noch diese Entfernung zwischen ein paar Schritten und der Prüfungsdistanz. Rufen Sie den Hund in der Anlernphase noch nicht ab, da er sonst dazu neigen könnte, nicht ruhig zu liegen oder vorzeitig zu kommen, sobald Sie sich zu ihm umdrehen. Fügen Sie dieses weitere Element erst hinzu, wenn der Hund sicher im Einnehmen und Halten der Platzposition ist. Wenn Sie vom Hund weggehen und anhalten, drehen Sie sich sofort um und warten dann aber einige Sekunden, bis Sie zu ihm zurückgehen. Achten Sie darauf, sich gerade vom Hund zu entfernen, da Sie Ihre Position beim Umdrehen nicht mehr mit seitlichen Ausgleichsschritten korrigieren dürfen. Das würde bei der Prüfung zu Punktabzug führen.

Das schnelle Herankommen

Der Grundstock zum schnellen Herankommen kann bereits im Welpenalter gelegt werden. Lassen Sie den Welpen von einer Hilfsperson festhalten, laufen Sie ein Stück weg und motivieren Sie den Hund, hinter Ihnen herzulaufen. Wichtig ist, dass der Welpe, wenn er festgehalten wird, den Drang zeigen soll, Ihnen zu folgen. Es soll also keine Bleibübung daraus gemacht werden, sondern der Hund soll nur festgehalten werden, damit er Ihnen zunächst noch nicht folgen kann. Dann wird er losgelassen, wenn Sie den geplanten Abstand zu ihm haben und er deutlichen Vorwärtsdrang zu Ihnen zeigt. Bestätigen Sie den Hund mit einem ausgedehnten Spiel und vermeiden Sie es, sofort nach ihm zu greifen und ihn anzuleinen. Verwenden Sie für diese Übung einen Ball mit einem Seil oder eine Beißwurst mit einer Schlaufe. Wichtig ist, dass der Hund das Spielzeug gut greifen kann, während Sie es in der Hand halten.

Wenn Ihr Hund schon etwas älter ist und sich seine Motorik gut entwickelt hat, können Sie die Übung wie folgt variieren: Locken Sie ihn mit dem Spielzeug.

Wenn er auf Sie zugerannt kommt, werfen Sie es, kurz bevor er Sie erreicht, durch die gegrätschten Beine nach hinten. Anschließend spielen Sie intensiv mit ihm. Somit verknüpft er, dass es immer positiv und lohnenswert ist, direkt zu Ihnen zu kommen. Dehnen Sie bei dieser Übung den Abstand zum Hund immer weiter aus. Sinn der Bestätigung mit dem Spielzeug ist in diesem Fall, dass der Hund schnell und gerade direkt von vorn auf Sie zugerannt kommt. Da er nicht vor Ihnen anhalten muss, sondern zwischen den Beinen hindurchrennen kann, hat er über die gesamte Distanz ein hohes Tempo und wird nicht schon mehrere Meter vor Ihnen abbremsen, weil er erwartet, gleich anhalten zu müssen.

Beim weiteren Training des Abrufens gehen Sie dann dazu über, die Beine erst leicht zu grätschen, wenn der Hund kurz vor Ihnen ist, um ihn zum Spielzeug hindurchrennen zu lassen. Während Sie anfangs tiefer gegrätscht stehen und den Ball auffällig vor sich etwas hin und her schwenken, bevor Sie ihn durch Ihre Beine werfen, gehen Sie mit zunehmendem Training dazu über, den Ball hinter Ihrem Rücken für den Hund schlechter sichtbar zu halten. Der Hund rennt dann auf Sie zu und Sie grätschen im letzten Moment leicht die Beine. Dann nimmt der Hund beim Durchrennen den Ball mit. Trainieren Sie öfter mit einer Hilfsperson, die den Hund festhält, damit er viel Vorwärtsdrang zu Ihnen beibehält. Wenn der Hund die Platzposition sicher beherrscht, können Sie den Hund auch aus der Platzposition abrufen und dann mit dem Ball bestätigen.

Der hinter den gegrätschen Beinen gehaltene Ball motiviert den Hund dazu, schnell zu seinem Hundeführer zu laufen.

Diese Übung verstärkt den Vorwärtsdrang des Hundes, um das schnelle Herankommen zu fördern (a). Das Erbeuten des Balls ist für ihn die Bestätigung (b).

Das Vorsitzen

Auch das Vorsitzen direkt vor Ihnen üben Sie zu Beginn einzeln, um den gewünschten Bewegungsablauf zu festigen. Der Hund soll beim Vorsitzen dicht und vor allem gerade vor Ihnen sitzen. Er soll sich angewöhnen, sein Hinterteil beim Absitzen vor Ihnen unter sich zu ziehen und nicht nach hinten abzukippen, wodurch er, auch wenn er mit der Nase bereits dicht bei ihnen war, wieder den Abstand zu Ihnen beim Sitzen vergrößern würde. Vermeiden Sie, dass der Hund Sie beim Vorsitzen stark anrempelt, da das nicht erwünscht ist und zu Punktabzug führen kann.

Sie können verschiedene Wege gehen, um dem Hund die korrekte Position für das Vorsitzen anzulernen. Sie lassen den Hund sitzen und entfernen sich wenige Schritte. Dann rufen Sie ihn. Halten Sie die Futterhand nach vorn, locken Sie ihn damit zu sich heran und lassen ihn dann vorsitzen. Gehen Sie dabei nicht immer rückwärts, sondern versuchen Sie, den Hund mit der Futterhand korrekt auszurichten, ohne die eigene Position zu verändern. Wichtig ist auch beim Vorsitzen, dass Sie die Hilfe wieder abbauen und der Hund ohne Handzeichen korrekt vorsitzt.

Der Hund soll lernen, sich an Ihrem Körper immer frontal auszurichten, wenn er das Hierkommando bekommt. Eine geschickte Übung hierfür ist die Methode, Futterstücke (am besten Wurst und kein Hundefutter) in den Mund zu nehmen und dann zum Hund hinab zu spucken, wenn er in der richtigen Position ist. Hunde, die sehr schlecht Futter fangen können, sollten das Fangen vorher getrennt üben, bevor man es in diese Übung einbaut. Wenn zu viel Futter herunterfällt, weil Sie eine schlechte Technik im Spucken haben oder der Hund schlecht fängt, kann es passieren, dass der Hund vermehrt am Boden nach Futter sucht, was zum Beispiel beim Fußgehen sehr hinderlich sein kann und die Aufmerksamkeit des Hundes reduziert.

Wenn Sie mit dem Clicker arbeiten, können Sie vor sich, je nach Größe des Hundes in passender Höhe, ein Target setzen, das der Hund leicht berührt, was dann belohnt wird. Dadurch begreift der Hund seine Position beim Vorsitzen besser und lernt, sich selbstständig auszurichten.

Um zu überprüfen, inwieweit der Hund die Position zum Vorsitzen verstanden hat, setzen Sie den Hund ab und gehen Sie absichtlich schräg von ihm weg, bis Sie irgendwann seitlich stehen und – noch erschwert – mit dem Rücken zu ihm stehen, wenn Sie ihn gerufen haben. Hat der Hund diese Übung begriffen, wird er sich auch, wenn Sie sehr schräg zu ihm stehen oder sogar den Rücken zudrehen, trotzdem korrekt vor Sie setzen und hierfür ein Stück um Sie herumlaufen.

Ein häufiger Ausbildungsfehler beim Anlernen des Vorsitzens ist, dass man den Hund, wenn er schräg oder weit weg sitzt, korrigiert und dann belohnt. So kann es für den Hund zur Routine werden, erst auf den zweiten Anlauf hin korrekt vorzusitzen.

Belohnen Sie den Hund, wenn er das dichte Vorsitzen beherrscht, nur noch, wenn er auf den ersten Anlauf korrekt sitzt. Bei unkorrektem Vorsitzen belohnen Sie nicht, sondern wiederholen Sie die Übung und belohnen den Hund erst, wenn er auf Anhieb korrekt sitzt.

Vom Vorsitzen in die Grundstellung wechseln

Das Überwechseln in die Grundstellung kann auf zweierlei Arten erfolgen. Zum einen kann der Hund aus dem Vorsitzen im Uhrzeigersinn dicht hinter dem Rücken des Hundeführers entlanggehen und dann neben dem Hundeführer die

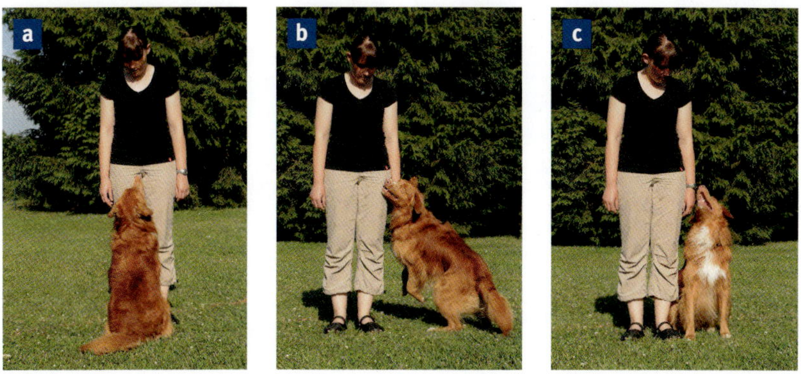

Schnelle, dynamische Hunde können sich aus dem Vorsitzen (a) elegant mit dem Herumschwingen des Hinterteils (b) in die Grundstellung begeben (c).

Für große Hunde ist es oft besser, wenn sie beim Wechseln vom Vorsitzen in die Grundstellung hinten um den Hundeführer herumlaufen.

Grundstellung einnehmen (siehe Fotos S. 112). Alternativ schwingt er aus dem Vorsitzen heraus das Hinterteil nach rechts an Ihr Bein und sitzt dann auch neben Ihnen in der Grundstellung (siehe Fotos S. 111).

Sie können sich aussuchen, welche Variante Ihnen besser gefällt. Für sehr große Hunde ist es meist einfacher, um den Hundeführer herum in die Fußposition zu gehen. Ein Hund, der vorn sein Hinterteil herumschwingt, hat den Vorteil, dass er die ganze Zeit im Blickfeld ist. Beide Varianten sehen gut aus, wenn sie vom Hund schnell und freudig gezeigt werden.

Das Überwechseln um sich herum zeigen Sie dem Hund, indem Sie ihn mit einem Leckerli in der rechten Futterhand um sich herumführen, das Futter hinter Ihrem Rücken in die linke Hand übergeben und dann den Hund in die Grundstellung ausrichten, indem Sie das Futter nach oben bewegen, wenn er an Ihrer linken Seite ist. Wenn der Hund den Ablauf begriffen hat, können Sie auch mit einem Spielzeug in der Hand arbeiten, damit der Hund etwas mehr Dynamik entwickelt.

Manche Hunde sind etwas gehemmt, wenn sie dicht hinter Ihnen herumgehen sollen. Versuchen Sie in dem Fall, den Hund in ein zwangloses Spiel zu verwickeln, bei dem Sie das Spielzeug mehrmals im Uhrzeigersinn um sich herumbewegen und der Hund das Spielzeug verfolgen darf. Variieren Sie mit der Bestätigung, indem Sie den Hund manchmal links neben sich auf Ihrer Höhe aus der Hand bestätigen oder das Spielzeug nach vorn werfen, wenn der Hund gerade auf der linken Seite angekommen ist.

Achten Sie darauf, dass Ihr Hund eine korrekte Grundstellung einnimmt, wenn er ein komplettes Überwechseln zeigt, also dicht und gerade mit der Schulter auf Ihrer Kniehöhe sitzt. Kontrollieren Sie im Training auch immer, ob der Hund richtig sitzt und nicht mit dem Hinterteil ein paar Zentimeter über dem Boden schwebt. Kurzhaarige Hunde neigen oft dazu, sich nicht ganz richtig hinzusetzen. Es kann auch sein, dass sich der Hund nicht ganz hinsetzt, weil er schon zu sehr in der Anspannung und Erwartung ist, dass er gleich seine Belohnung bekommt. Vermeiden Sie deshalb im Training, den Hund für eine dreiviertel Grundstellung zu belohnen. Entweder Sie lassen ihn an sich vorbeilaufen und bestätigen noch vor dem Sitzen oder Sie verlangen ein korrektes Sitzen und bestätigen dann auch nur, wenn der Hund einen sauberen Abschluss in der Grundstellung zeigt.

Die komplette Platzübung

Wenn Sie alle vier Übungsteile sorgfältig trainiert haben und der Hund die Einzelelemente sicher arbeitet, kommt nun der letzte Ausbildungsschritt, nämlich das Zusammensetzen der einzelnen Elemente.

Beginnen Sie mit dem Einnehmen der Platzposition und dem anschließenden Abrufen. Sie können nun immer noch mit Spielzeug bestätigen, wenn der Hund kommt, und müssen auf die volle Prüfungsdistanz noch kein Vorsitzen verlangen. Bauen Sie die Distanz zum Hund langsam auf, damit er lernt, seinen Schwung für ein korrektes Vorsitzen richtig einzuschätzen. Variieren Sie aber auch diese Übung immer wieder, indem Sie den Hund zwischendurch mal zwischen den Beinen mit Spielzeug durchlaufen lassen.

Wenn das korrekte Vorsitzen auf die Prüfungsdistanz klappt, kommt noch das Überwechseln in die Grundstellung dazu. Achten Sie darauf, dass der Hund immer wieder auch für das Vorsitzen bestätigt wird und nicht nur am Ende der Übung für das Einnehmen der Fußposition neben Ihnen, da er sonst möglichst schnell in diese Position gelangen möchte und dadurch ein schräges, nur angedeutetes oder gar kein Vorsitzen zeigen könnte.

Wenn alle Trainingseinheiten gut klappen, können Sie nun den kompletten Übungsablauf trainieren. Denken Sie bitte daran, im Training immer wieder die Übung zu variieren und auch zwischendrin nach einzelnen Elementen der Übung zu bestätigen, also für die Platzposition, das schnelle Kommen oder das Vorsitzen. Wichtig ist hier für den Hund, dass er nie genau weiß, wann er bestätigt wird. Dadurch wird er bis zum Ende der Übung hochmotiviert bleiben und versuchen, alle Einzelelemente sauber durchzuarbeiten.

Es ist auch wichtig, dass Sie den Hund nicht immer aus dem Platz rufen, sondern auch mal wieder zurückgehen und ihn fürs Bleiben im Platz bestätigen, um ein vorzeitiges selbstständiges Loslaufen zu Ihnen oder auch nur Unruhe in der Platzposition zu verhindern. Warten Sie immer nach dem Umdrehen zum Hund im Stand einige Sekunden, bis Sie den Hund rufen oder zu ihm zurückgehen, damit er auf keinen Fall das Umdrehen als Auslöser fürs Loslaufen gleichsetzt. Er soll erst losrennen, wenn er das Kommando bekommt.

Das Ablegen unter Ablenkung

Das Ablegen ist gerade für junge und temperamentvolle Hunde anfangs eine schwierige Übung. Deshalb ist es wichtig, die Dauer des Ablegens und den Abstand zum Hund nur langsam zu steigern. Wichtige Bewegungsabläufe für ein korrektes Ablegen sind auf das Platzkommando ein schnelles Einnehmen der Platzposition aus der Grundstellung neben Ihnen und, wenn Sie wieder zurückkommen und neben dem Hund stehen, ein schnelles Einnehmen der Sitzposition neben Ihnen auf das Sitzkommando hin.

Beginnen Sie damit, diese Bewegungsabläufe zu festigen, indem Sie den Hund frontal vor sich in der Sitzposition haben und ihn mit der Futterhand oder einem Spielzeug dazu animieren, sich vom Sitz schnell ins Platz zu begeben. Ideal ist es, wenn der Hund sich mit einer Bewegung nach unten ins Platz begibt, also mit beiden Vorderbeinen nach unten ins Platz „springt". Nicht erwünscht ist, dass sich der Hund in mehreren kleinen Schritten hinlegt. Wichtig bei diesem Bewegungsablauf ist, dass der Hund beim Einnehmen der Platzposition aus dem Sitzen nur die Vorderbeine nach unten bewegt. Das Hinterteil des Hundes soll unverändert in der Position bleiben. Es darf nicht hochkommen oder gar nach vorn hüpfen.

Nun trainieren Sie den Bewegungsablauf für das umgekehrte Einnehmen der Sitzposition aus dem Platz. Hierbei soll der Hund ebenfalls wieder in einem Zug nach oben in die Sitzposition springen und das Hinterteil soll dabei wieder an derselben Stelle auf dem Boden bleiben. Das trainieren Sie auch erst aus der frontalen Position zu Ihrem Hund, was dem Hund den Bewegungsablauf erleichtert. Nehmen Sie die Futterhand, zeigen Sie dem Hund das Futter und ziehen Sie ihn mit einer schnellen Bewegung nach oben, indem er dem Futter in der Hand folgt. Sie können hier auch alternativ oder nach ein paar Trainingseinheiten mit Futter das Spielzeug einsetzen.

Um den Hund zu mehr Tempo und Elan zu veranlassen, deuten Sie an, dass Sie dem Hund das Spielzeug über den Kopf werfen. Er wird vorn hochspringen, um es zu erwischen. Wenn er hierbei den gewünschten Bewegungsablauf zeigt, werfen Sie ihm das Spielzeug zu.

Beherrscht Ihr Hund die Bewegungsabläufe gut, gehen Sie dazu über, dieselben Abläufe neben sich in der Grundstellung zu üben. Hierfür kann man auch ein Handtarget aufbauen. Der Hund lernt dabei, die flach über ihn gehaltene Hand mit der Nase anzustupsen und kommt dadurch schnell nach oben in die Sitzposition.

Bestätigen Sie immer noch jeden gelungenen Positionswechsel mit Futter oder Spielzeug. Zum Ablegen in die Platzposition kann es hilfreich sein, dass Sie mit dem linken Bein einen Ausfallschritt nach vorn machen und sich gleichzeitig nach unten bücken, um dem Hund die noch notwendige Hilfe zu geben. Üben Sie zwischendurch die beiden Positionswechsel wieder mehrfach nacheinander frontal mit Spielzeug und denken Sie immer daran, dass schnelle Bewegungsabläufe von Ihnen bei den Hilfen auch ein höheres Arbeitstempo des Hundes fördern. Behalten Sie immer die spätere korrekte Übung im Auge, bei der der Hund nur auf die Hörzeichen neben Ihnen die Positionen wechseln soll.

Wenn der Hund in den Positionswechseln Sicherheit entwickelt hat, gehen Sie dazu über, nach dem Platzkommando wenige Schritte vom Hund wegzugehen, um dann gleich wieder zurückzugehen und den Hund noch in der Platzposition fürs Bleiben zu bestätigen. Beim Weggehen vom Hund ist bei der Prüfung kein zusätzliches Bleibkommando zum einmaligen Platzkommando erlaubt. Das führt zu Punktabzug. Daher versuchen Sie, das Bleibkommando bei dieser Übung ganz oder sehr schnell in der Anlernphase abzubauen, indem Sie es immer leiser geben und es dann komplett weglassen. Es ist wichtig, dass Sie den Hund von der Ausrichtung her immer mit den Vorderläufen genau in die Richtung ablegen, in die Sie anschließend weggehen wollen. So kann Sie der Hund gut beobachten, ohne dass er sich zu sehr verrenken muss, was sonst auch dazu führen könnte, dass sich der Hund im Platz dreht, um hier eine für ihn einfachere Position zu finden. Das würde an der Prüfung aber mit Punktabzug bestraft, deshalb machen Sie es Ihrem Hund bei dieser Übung möglichst einfach.

Nun dehnen Sie die Zeit aus, in der Sie sich wenige Schritte vom Hund entfernen. Wenn Ihr Hund dazu neigt, bei Ablenkung loszuspringen, sichern Sie die Übung durch eine Schleppleine ab, die Sie oder eine Hilfsperson festhalten. Binden Sie den Hund in dem Fall bitte nicht immer am selben Zaunpfosten oder Baum an, da er das schnell durchschaut. Wenn Sie das Ablegen auf dem Hundeplatz üben, wählen Sie einen Randbereich, am besten in der Ecke

Das Ablegen kann von Anfang an mit dem Ableinen kombiniert werden. Der Hund wird in der Sitzposition abgeleint (a) und anschließend abgelegt. So wie hier wird die Leine richtig umgehängt (b). Schließlich entfernt sich der Hundeführer mit dem Rücken zum Hund (c).

des Platzes, wo das Ablegen auch in der Prüfung stattfindet. Gehen Sie immer mit dem angeleinten Hund zum Ablegepunkt. Beziehen Sie auch von Anfang an das Ab- und Anleinen, das jeweils in der Grundstellung stattfindet, in die Übung mit ein und üben Sie auch das Umhängen oder In-die-Tasche-Stecken der Leine, während der Hund ruhig neben ihnen sitzen bleibt.

Wenn der Hund 3 bis 5 Minuten sicher liegt, dehnen Sie die Entfernung zum Hund aus. Stehen Sie anfangs noch seitlich zum Hund und gehen Sie dann dazu über, dem Hund den Rücken zuzudrehen, wie es bei der Prüfung verlangt wird. Wenn Sie keine Hilfsperson haben, die den Hund beobachtet und Ihnen sofort mitteilt, wenn er die Position verlässt, können Sie auch mit einem kleinen Taschenspiegel den Hund beobachten, ohne sich dauernd nach ihm umzudrehen, was bei der Prüfung auch nicht erlaubt ist. Manche Handys haben auch ein reflektierendes Display, das man wie einen Spiegel einsetzen kann. Sie können mit dem Handy oder der Armbanduhr auch die Zeit kontrollieren, wie lange der Hund liegt. Denken Sie beim Aufbau dieser Übung daran, dass es sinnvoller ist, wenn der Hund in der Aufbauphase dieser Übung in einem Training zweimal 3 Minuten ruhig liegt, ohne aufzustehen, und Sie ihn dann dafür beim Zurückkommen belohnen können, als wenn der Hund 6 Minuten am Stück liegen soll, aber zweimal selbst die Übung unterbricht und aufsteht oder sogar wegläuft.

Der Hund soll lernen, Geduld zu entwickeln und Ruhe auszustrahlen. Wenn er trotzdem mal aufsteht, gehen Sie ganz ruhig zurück und bringen ihn wieder genau an den Platz, an dem Sie ihn abgelegt hatten. Manche Hunde nehmen es in Kauf, wieder neu hingelegt zu werden. Für sie ist es am wichtigsten, dass sie den Hundeführer immer wieder zu sich bewegen können, indem sie aufstehen. Haben Sie das Gefühl, dass das bei Ihrem Hund der Fall ist, sollten Sie eine Hilfsperson hinzuziehen, die am Ende der Schleppleine mit etwa 10 Meter Länge ruhig hinter dem Hund steht und verhindert, dass er aufsteht und zu Ihnen läuft. Diese Person hält die Leine fest und der Hund bekommt von Ihnen ein neues Platzkommando. Gehen Sie erst zurück, wenn sich der Hund wieder hingelegt hat. Dann verknüpft er, dass Sie schneller zurückkommen, wenn er in der Platzposition bleibt, und jedes Aufstehen die Übung nur verlängert.

Es gibt Hunde, die zwar wissen, dass sie nicht aufstehen dürfen, aber trotzdem den Abstand zu Ihnen verringern wollen. Das kann dazu führen, dass der Hund anfängt, in der Platzposition nach vorn zu robben. Merken Sie sich immer einen markanten Punkt auf dem Boden (zum Beispiel ein Blatt oder einen bestimmte Pflanze direkt vor dem Hund), wenn Sie ihn ablegen. So können Sie kontrollieren, ob er sich nach vorn bewegt hat, wenn Sie zu ihm zurückkommen. Ist dies einmal der Fall, brauchen Sie eine Hilfsperson, die sofort Zeichen gibt, wenn der Hund robbt. Gehen Sie dann sofort zurück und bringen Ihren Hund wieder an den Ausgangspunkt. Versucht der Hund weiterhin zu robben, legen

WICHTIG!

Rufen Sie nie den Hund aus der Platzposition zu sich, sondern gehen Sie immer zurück zu ihm, um ihn für das Bleiben zu bestätigen. Der Hund wird viel ruhiger liegen, wenn er herausgefunden hat, dass Sie immer zu ihm zurückkommen, wenn er an dem Punkt auf Sie wartet.

Sie ihn an eine Schleppleine, die von einer Hilfsperson, die sich hinter dem Hund befindet, gehalten wird. Je öfter der Hund dieses Verhalten zeigen kann, desto schwieriger wird es, ihm das wieder abzugewöhnen.

Nehmen Sie den Hund aus dem Ablegen immer über die vorherige Grundstellung wieder mit. Steigern Sie allmählich die Ablenkung für den Hund, wenn er abliegt: Lassen Sie am Anfang jemanden ruhig mit seinem Hund auf dem Platz hin- und hergehen. Er soll erst in größerer und später in kürzerer Entfernung (bis etwa 5 Meter) zusammen mit seinem Hund an Ihrem Hund mehrmals vorbeigehen. Sie gehen dann zurück und bestätigen Ihren Hund fürs Bleiben. Dann können Sie den anderen Hund etwas mehr Aktivität zeigen lassen, indem der Hundeführer zum Beispiel mit seinem Hund spielt. Es ist aber wichtig, dass der andere Hund auf keinen Fall zu Ihrem Hund hinläuft.

Dann üben Sie, dass der andere Hund abgerufen wird und Ihr Hund lernt, weder auf das Rufen des anderen Hundeführers zu achten noch sich durch den rennenden Hund zum Aufspringen animieren zu lassen. Fragen Sie zum Beispiel im Verein nach, ob Sie mit Ihrem Hund das Ablegen üben können, während andere Gruppen trainieren. Denken Sie daran, je mehr Ablenkung Ihr Hund im Training gewöhnt ist, desto sicherer wird er an der Prüfung liegen bleiben.

Um beim Ablegen mit einer gewissen Sicherheit in die Prüfung zu gehen, sollte der Hund im Training auf 30 Schritte Abstand zu seinem Hundeführer, der mit dem Rücken zu ihm steht, etwa 10 Minuten ruhig liegen bleiben.

Die richtige Körperhaltung des Hundeführers

Um bei der Begleithundprüfung eine möglichst gute Bewertung zu erhalten, ist Ihre richtige Körperhaltung wichtig. Während der Hund bei Fuß läuft, sollen Sie aufrecht gehen. Der Oberkörper sollte gerade nach vorn zeigen und sich nicht übertrieben zum Hund neigen. Die Arme sollen natürlich und gleichmäßig leicht mitschwingen. Sie sollten weder extrem hochgezogen und starr vor dem Körper gehalten werden noch auf den Hüftknochen anliegen. Eine asymmetrische Armhaltung gibt Punktabzug. Ein übertriebenes Hochziehen und starres Halten des linken Arms (mit und ohne Leine) ist fehlerhaft. Das Klopfen mit der Hand auf den Schenkel oder In-die-Hände-Klatschen wird ebenfalls abgezogen.

Wenn Sie sich beim Ablegen und bei der Sitz- und Platzübung vom Hund wegbewegen, ist es nicht gestattet, sich nach dem Hund umzudrehen. Versuchen Sie auch, bei der Prüfung nicht zu angespannt zu wirken, denn es würde Ihren Hund sehr irritieren, wenn Sie auf einmal eine aus seiner Sicht völlig andere Körperhaltung einnehmen.

Vorbereitung für die Prüfung im Straßenverkehr

Mit den meisten Hunden muss nur sehr wenig für die Prüfung im Straßenverkehr geübt werden. Wenn Ihr Hund Sie von klein auf regelmäßig bei einem Stadtspaziergang begleitet hat, ist er mit sämtlichen Umweltreizen und dem Straßenverkehr vertraut. Im Verkehrsteil der Prüfung steht das gelassene und neutrale Verhalten des Hundes im Vordergrund. Der Hund soll an der lockeren Leine auf der linken Seite mitgehen, ein korrektes Fußgehen wie bei den Übungen auf dem Hundeplatz ist hier nicht nötig.

Machen Sie Ihren Hund möglichst schon im ersten Lebensjahr mit allen Eindrücken und Geräuschen des Alltags vertraut. Gestalten Sie diese Trainingseinheiten abwechslungsreich und besuchen Sie eine Fußgängerzone, ein Parkhaus mit Aufzug, einen Bahnhof, einen Wochenmarkt, ein großes Kaufhaus, einen Rummelplatz, eine beliebte Joggingstrecke, einen gut befahrenen Fahrradweg, Veranstaltungen aller Art mit größeren Menschenansammlungen, bei denen Hunde erlaubt sind, einen gut besuchten Autobahnparkplatz und vieles mehr oder lassen Sie den Hund mal vor einem Laden warten oder gehen Sie mit ihm in ein Café.

Wenn Ihr Hund diese normalen Alltagssituationen gut meistert, ist der Übungsaufwand im Verkehrsteil nicht sehr groß. Ein guter Hundeverein wird mindestens ein bis zwei Übungseinheiten für den Verkehrsteil anbieten, bei dem Beispiele für den Prüfungsablauf erklärt und mit den Hunden durchgespielt werden.

WICHTIG!

Lassen Sie unbedingt während des gesamten Trainings von Alltagssituationen im Straßenverkehr alle Hunde angeleint. Es ist viel zu gefährlich, wenn Hunde hierbei frei laufen würden! Beachten Sie auch, dass es für den Hund von der Psyche her sehr anstrengend ist, wenn er sich im Straßenverkehr oder in großen Menschenansammlungen bewegt und ständig sehr viele auf ihn einströmende Eindrücke verarbeiten muss. Dehnen Sie diese Trainingseinheiten deshalb nicht zu lange aus. 15 bis höchstens 30 Minuten pro Training reichen völlig aus.

Auch das richtige Verhalten in einer Personengruppe gehört zur Vorbereitung für die Prüfung.

Wenn Ihr Hund mit einzelnen Alltagssituationen Probleme haben oder entwickeln sollte, ist es wichtig, dass Sie diese Problemsituationen gezielt und mit Hilfspersonen üben, um Einfluss zu nehmen und bei Bedarf notwendige Wiederholungen durchführen zu können. Hat Ihr Hund zum Beispiel Probleme damit, brav zu warten, solange Sie außer Sicht sind, binden Sie ihn öfter für kurze Zeit vor einem Geschäft an und platzieren Sie sich so im Laden, dass Sie zwar den Hund, er aber Sie nicht sehen kann. Gehen Sie mehrmals kurz rein und raus, solange der Hund angebunden ist. Versuchen Sie immer, zum Hund zurückzugehen, wenn er gerade ruhig ist.

Bei Problemen mit Radfahrern oder Joggern, die sich durch Bellen und Ziehen an der Leine oder durch Ausweichen und Meideverhalten äußern können, sollten Sie zunächst mit einem eigenen Fahrrad versuchen, den Hund durch viel Kontakt zu desensibilisieren. Lassen Sie eine dem Hund bekannte Person mit dem Fahrrad fahren. Gehen Sie erst um das stehende Fahrrad mit und ohne Person herum. Anschließend soll der Radfahrer mit allmählich abnehmendem Abstand am Hund vorbeifahren. Ist der Hund noch unsicher, sollte das Fahrrad nicht frontal auf den Hund zufahren oder von hinten kommen, sondern sich langsam im Sichtbereich des Hundes annähern, sodass er genügend Zeit hat, es beim Heranfahren wahrzunehmen.

Bei Joggern oder Inline-Skatern wählen Sie zunächst auch bekannte Hilfspersonen, die erst in weiterem und dann engerem Abstand am Hund vorbeilaufen bzw. vorbeifahren. Beruhigt sich der Hund nur schlecht, können Sie ihn auch von den Hilfspersonen füttern lassen oder in ein kurzes Spiel verwickeln.

Für manche Hunde ist es schwierig, sich bei Hundebegegnungen an der Leine neutral zu verhalten. Üben Sie diese Situationen am besten zuerst mit ruhigen Hunden, die Ihren Hund ignorieren, dann fällt es ihm auch leichter, sich auf Sie zu konzentrieren und gelassen an dem Hund vorbeizulaufen. Wenn Ihr Hund schon mehr Routine mit Hundebegegnungen an der Leine hat und weiß, dass er nicht immer gleich zu jedem Hund hin und mit ihm Kontakt aufnehmen darf, können Sie die Anforderung steigern und von ihm verlangen, dass er auch an fremden, angeleinten Hunden souverän vorbeigeht, auch wenn diese sich an der Leine nicht durchgängig ruhig zeigen. Achten Sie unbedingt darauf, dass Ihr Hund bei solchen Begegnungen keine schlechten Erfahrungen macht, das heißt, die Hunde sollen hier keinen direkten Kontakt an der Leine haben, sondern jeder Hund soll mit seinem Hundeführer gehen.

Binden Sie Ihren Hund auch an und lassen Sie andere Hunde vorbeigehen oder gehen selbst an einem angebundenen Hund vorbei. Diese Übung können Sie gut zusammen mit anderen Hundehaltern durchführen, die sich auch auf die Begleithundprüfung vorbereiten oder einfach solche Alltagssituationen trainieren wollen.

Was Sie auch üben sollten, ist das Anhalten vor einem stehenden Auto, mit dessen Fahrer Sie sich dann unterhalten. Hier muss für den Hund klar sein, dass er nicht am Auto hochspringen und den Fahrer begrüßen darf, sondern sich kontrolliert neben Ihnen aufhalten soll. Lassen Sie den Hund am besten neben sich sitzen, dann hat er eine Aufgabe und kommt weniger auf die Idee, am Auto hochzuspringen.

Die Situation des angebundenen Hundes, an dem ein anderer Hund vorbeigeführt wird, sollte für die Prüfung auf alle Fälle öfter geübt werden.

Begleithundprüfung

Wenn Sie mit Ihrem Hund nun verschiedene Erziehungskurse besucht und ihn auch im Alltag zu einem zuverlässigen Begleiter an Ihrer Seite erzogen haben, fehlt nur noch das Ablegen der offiziellen Begleithundprüfung. Falls Sie noch nicht so sicher sind, ob Sie an dieser Prüfung teilnehmen sollen, finden Sie hier aufgelistet einige Gründe, die für eine Teilnahme sprechen.

- Sie setzen sich ein Ziel in der Ausbildung und motivieren sich und Ihren Hund zum Erreichen dieses Ziels.
- Sie beschäftigen Ihren Hund regelmäßig und trainieren zielorientiert.
- Sie verbessern die Kontrolle über Ihren Hund in allen Alltagssituationen und er wird die Grundkommandos „Fuß“, „Sitz“, „Platz“ und „Hier“ zuverlässig beherrschen.
- Sie bereiten sich zusammen mit anderen Hundehaltern auf diese Prüfung vor und haben Freude am gemeinsamen Training und finden Austausch mit Gleichgesinnten.
- Sie erlangen die sogenannte Sachkunde.
- Immer mehr Gemeinden bieten eine Hundesteuerermäßigung (sie kann bis zu 50 Prozent betragen), wenn eine bestandene Begleithundprüfung nachgewiesen wird.
- Wenn Sie später mit Ihrem Hund an hundesportlichen Prüfungen bzw. Turnieren wie Agility, Turnierhundesport oder Obedience teilnehmen wollen, ist eine bestandene Begleithundprüfung Voraussetzung, um an entsprechenden Veranstaltungen teilnehmen zu können.

Jetzt wird es ernst!

ABLAUF EINER BEGLEITHUNDPRÜFUNG

Der Ablauf einer Begleithundprüfung richtet sich nach der Prüfungsordnung, die vom VDH festgelegt worden ist. Auf die wichtigsten Punkte dieser Prüfungsordnung (gültig seit 1. Januar 2012) wird im Folgenden eingegangen. Wenn Sie sich detailliert für die Prüfungsordnung interessieren, können Sie über den Verein, in dem Sie die Prüfung ablegen möchten, die offizielle Prüfungsordnung zur Begleithundprüfung erwerben. Auszüge oder genaue Informationen finden Sie auch häufig auf den Internetseiten verschiedener Vereine oder Organisationen.

Voraussetzungen für eine Prüfungsteilnahme

Sie und Ihr Hund müssen verschiedene Bedingungen erfüllen, um für die Teilnahme an einer Begleithundprüfung zugelassen zu werden.

- Für die Teilnahme an der Begleithundprüfung müssen Sie den Nachweis über eine Mitgliedschaft in einem dem Verband für das Deutsche Hundewesen (VDH) angeschlossenen Mitgliedsverein erbringen. Dies muss nicht zwingend derselbe Verein sein, bei dem Sie die Prüfung ablegen.
- Am Prüfungstag muss Ihr Hund mindestens 15 Monate alt sein.
- Ihr Hund muss identifizierbar sein, entweder durch einen Mikrochip oder eine gut lesbare Tätowierungsnummer. Da die Tätowierung mittlerweile kaum mehr durchgeführt wird und heutzutage Hunde in der Regel einen Mikrochip eingepflanzt bekommen, wird diese Identifizierung in Zukunft die Regel sein.
- Der Hund muss haftpflichtversichert sein und eine gültige Impfung besitzen, wobei die Tollwutimpfung allgemein Pflicht ist, die übliche Mehrfachimpfung gegen Infektionskrankheiten wie Staupe, Hepatitis, Leptospirose, Parvovirose und Zwingerhusten aber von vielen Vereinen auch gefordert wird.

Anmelden für die Begleithundprüfung

Es gibt mehrere Möglichkeiten, wie Sie sich zu einer Begleithundprüfung anmelden können. Am einfachsten ist es, wenn Sie an einem entsprechenden Erziehungskurs in einem Hundeverein teilnehmen, der mit einer Begleithundprüfung abschließt. Alternativ können Sie sich auch darüber informieren (zum Beispiel übers Internet), welche Vereine in Ihrer Umgebung eine Begleithundprüfung durchführen, und dort nach einem freien Platz fragen. Besteht bereits eine Mitgliedschaft in einem dem VDH angeschlossenen Rassezuchtverein oder einem allgemeinen Hundesportverein – der meist dem dhv (Deutschen Hundesportverband) angeschlossen ist, der wiederum auch im VDH Mitglied ist –, ist es nicht erforderlich, dass Sie in diesem Verein zusätzlich Mitglied werden.

Wenn Sie in einem Verein keinen Kurs belegen, also der Trainer den Ausbildungsstand von Ihnen und Ihrem Hund nicht kennt, wird er in der Regel vorschlagen, dass Sie einige Male vor der Prüfung zum Training kommen. Dies hat den Vorteil, dass Sie und Ihr Hund vorab das Übungsgelände und andere Prüfungsteilnehmer kennenlernen, was sich auf alle Fälle für die Prüfung positiv auswirkt.

Bei der Begleithundprüfung werden die Übungen immer zusammen mit einem zweiten Mensch-Hund-Team auf dem Übungsplatz durchgeführt. Wenn Sie schon vorher einige Male zum Training kommen, können Sie das Team, mit dem Sie zusammen an der Prüfung teilnehmen werden, kennenlernen und sich auf die Prüfungsübungen gemeinsam vorbereiten. Sollten sich die beiden Hunde überhaupt nicht verstehen, hat man dann noch genug Zeit, um die Zusammenstellung der Paare zu verändern.

Viele Vereine bieten vor der Prüfung auch ein Training des Verkehrsteils an. Es ist außerdem sinnvoll, wenn Abläufe wie die Chip- oder Tätowierungskontrolle und das Anmelden zur Prüfung ebenso vorher geübt werden.

In der Regel werden vor der Prüfung die Unterlagen eingesammelt und es wird überprüft, ob alle Teilnehmer die Zulassungsbedingungen erfüllen. Zu diesem Zweck geben Sie den Impfpass des Hundes, wenn vorhanden die Ahnentafel und eventuell noch einen Nachweis über die Mitgliedschaft in einem dem VDH angeschlossenen Verein und wenn verlangt auch den Nachweis einer Haftpflichtversicherung für Ihren Hund ab. Die Vereine verlangen oft einen Kostenbeitrag von den Prüfungsteilnehmern, um die Gebühren und Reisekosten des Prüfungsrichters bezahlen zu können. Diese Gebühr beträgt in der Regel zwischen 5,– Euro und höchstens 12,50 Euro.

Überprüfung der Sachkunde

Wenn Sie erstmalig bei einer Begleithundprüfung teilnehmen und bisher noch keinen Nachweis der Sachkundeprüfung erbracht haben, nehmen Sie am Tag der Prüfung vor dem praktischen Teil auf dem Übungsplatz an einer schriftlichen Überprüfung der Sachkunde teil. Hierfür werden 15 bis 25 kynologische Fragen nach dem Multiple-Choice-Verfahren abgeprüft und nach der Abgabe sofort ausgewertet. Jugendliche bekommen in den meisten Verbänden einfachere, auf ihr Alter hin abgestimmte Fragen. Um die schriftliche Sachkundeprüfung zu bestehen, müssen mindestens 70 Prozent der Fragen richtig beantwortet werden.

Auf den Internetseiten der meisten Hundesport- und Rassezuchtverbände findet man einen Fragenkatalog, aus dem die Prüfungsfragen zusammengestellt werden. Die Hundevereine bieten teilweise auch Vorbereitungskurse an, in denen der komplette Fragenkatalog durchgearbeitet wird. Das kann besonders bei Teilnehmern mit Prüfungsangst sinnvoll sein, um die Aufregung bei der Prüfung etwas zu dämpfen.

Unbefangenheitsprobe mit Identifikationskontrolle

Nach der erfolgreichen schriftlichen Sachkundeprüfung und noch vor dem Übungsteil auf dem Vereinsgelände wird eine sogenannte Unbefangenheitsprobe durchgeführt. Hierzu gehört auch die Identifikationskontrolle des Hundes. Das bedeutet, dass der Richter überprüft, ob der Hund von seinem Verhalten her zur Prüfung zugelassen werden kann. Hunde, die deutliche Aggression und Unsicherheiten gegenüber Menschen oder anderen Hunden zeigen, werden nicht zur Prüfung zugelassen. Jeder Hund wird diesbezüglich einzeln überprüft. Hierfür gehen Sie zum Beispiel mit Ihrem Hund an lockerer Leine durch eine Personengruppe, wobei sich der Hund dabei neutral und unbefangen verhalten soll.

Danach überprüft der Richter mittels Lesegerät die Mikrochipnummer Ihres Hundes und vergleicht sie mit den Unterlagen. Der Chip sitzt beim Hund normalerweise im Bereich der linken Schulter. Es gibt aber auch Fälle, bei denen

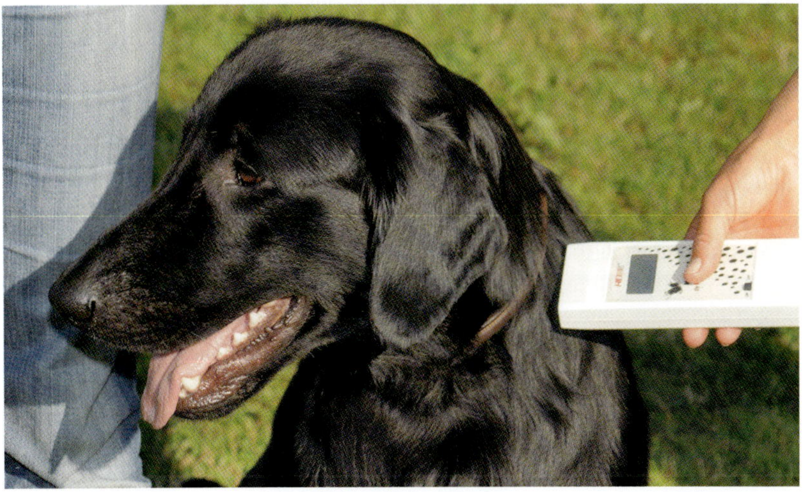

Die Mikrochipnummer wird zur Identifikation des Hundes vor der Prüfung mit dem Lesegerät überprüft. Daher sollte der Hund auch daran gewöhnt sein.

der Chip im Körper wandert. Deshalb ist es sinnvoll, wenn Sie vor der Prüfung den Chip des Hundes auf seine genaue Lage hin überprüfen und dabei den Hund auch gleich mit viel Lob und Leckerli mit diesem Ablauf vertraut machen. Dann wird er diese Prozedur entspannt und ruhig über sich ergehen lassen. Sie ersparen dem Richter auch eine langwierige Sucherei nach dem Chip, wenn Sie ihm gleich die ungefähre Lage bei Ihrem Hund sagen können. Wenn dem Verein kein Chiplesegerät zur Verfügung steht, können Sie sich auch an Ihren Tierarzt wenden, der ein solches Gerät haben muss.

Wenn Ihr Hund noch keinen Mikrochip, sondern nur eine Tätowierungsnummer besitzt, zeigen Sie diese dem Richter, indem Sie das Ohr Ihres Hundes leicht aufklappen. Die Identifikationskontrolle klappt am besten, wenn Sie den Hund ruhig auf der linken Seite neben sich sitzen lassen. Während der Überprüfung durch den Richter dürfen Sie beruhigend auf den Hund einreden. Der Hund muss akzeptieren, dass er bei der Identifikationskontrolle vom Richter berührt wird.

Prüfung auf dem Übungsplatz

Anmeldung

Nach erfolgreicher Sachkundeüberprüfung und Unbefangenheitsprobe mit Identifikationskontrolle kommen die Hundeführer mit ihren Hunden paarweise auf den Übungsplatz und melden sich zur Prüfung. Hierfür stellen sie sich nebeneinander gegenüber dem Richter auf. Halten Sie bitte genügend Abstand, damit die Hunde nicht zu sehr miteinander in Kontakt kommen. Vermeiden Sie auch, dass Ihr Hund zum Beispiel am Richter hochspringt oder an der Leine herumzerrt.

Dann erfolgt die sogenannte Anmeldung zur Prüfung: Sie nennen dem Richter Ihren Namen und den Ihres Hundes (wenn Sie einen Rassehund haben, bitte den kompletten Namen nennen, der in der Ahnentafel steht, auch wenn Sie Ihren Hund sonst nicht so nennen). Hier geht es darum, dass der Richter die Ergebnisse in die richtigen Unterlagen einträgt und diese den einzelnen Hunden besser zuordnen kann. Der Anmeldesatz könnte also zum Beispiel lauten: „Uta Reichenbach ist mit Rinti vom Rentierfelsen zur Unterordnung bereit."

Wenn sich beide Teams angemeldet haben, beginnen Sie auf Anweisung des Richters mit den Vorführungen. In der Regel läuft der Hundeführer als Erster, der sich zuerst anmeldet.

Der Hundeführer, der sich als Zweiter anmeldet, lässt seinen Hund zuerst in der Platzposition ablegen, solange das andere Team seine Übungen durchführt.

So kann die Anmeldung zur Prüfung beim Richter aussehen.

Übungsablauf

Der Ablauf der praktischen Übung erfolgt nach einem bestimmten Schema, das auf den nächsten Seiten genau erklärt wird. Die einzelnen Bestandteile sind:

- Fußgehen nach einem vorgeschriebenen Laufschema, zunächst mit Leine
- Fußgehen durch eine Personengruppe einmal mit und einmal ohne Leine
- Freifolge
- Sitzübung
- Platzübung

Damit der Richter Zeit hat, seine Bewertungen aufzuschreiben, warten Sie bitte vor jeder Übung auf das Okay des Richters, um fortfahren zu können. Bei der Sitz- und Platzübung warten Sie auch erst auf die Anweisung des Richters, um zu dem Hund zurückzugehen bzw. ihn zu sich zu rufen.

Wenn Sie als erstes Team die Übungen durchgeführt haben, tauschen Sie nun sozusagen mit dem anderen Team die Plätze und bringen Ihren Hund zum Ablegepunkt. Je nach Standort können die Bereiche, in denen die Hunde abgelegt werden, zum Beispiel mit in Form eines Kreises von etwa 6 Meter Durchmesser eingestreuten Sägemehls oder mit einem Schild, das in den Boden gesteckt wird, markiert sein. Wichtig ist, dass für Rüden und Hündinnen zwei getrennte Kreise als Ort für das Ablegen vorgesehen sind, damit sie nicht zu sehr durch den Geruch des anderen Geschlechts abgelenkt werden.

Sie legen nun Ihren Hund am vorgesehenen Ort ab, entfernen sich von ihm etwa 30 Schritte und stellen sich dann mit dem Rücken zu ihm auf. Der Hund soll so lange ruhig liegen bleiben, bis Sie wieder auf Anweisung des Richters zu ihm zurückkommen. Je nach Tempo eines Teams dauert die Vorführung der ersten vier Übungen etwa 8 bis 10 Minuten. So lange sollte Ihr Hund ruhig liegen bleiben.

Nachdem zwei Hunde diese Übungen absolviert haben, erfolgt in der Regel eine kleine Besprechung mit dem Richter, wobei Sie erfahren, was ihm besonders gut oder auch nicht so gut gefallen hat. Wenn der Richter der Meinung ist, dass Sie mindestens 70 Prozent der Gesamtpunkte des ersten Teils erreicht haben, werden Sie zum nächsten Prüfungsteil, nämlich der Prüfung im Straßenverkehr, zugelassen.

Bewertung der Begleithundprüfung durch den Richter

Der Richter bewertet die einzelnen Übungen des Prüfungsteils auf dem Hundeplatz nach vorgegebenen Richtlinien.

Es gibt für jede Übung eine Höchstpunktzahl. Für Übungsteile, die nicht so gut klappen, werden weniger Punkte vergeben. Zum Beispiel wird eine falsche Position bei der Sitz- oder Platzübung mit 5 Punkten Abzug bestraft. Anhand der Abzüge ergibt sich dann für jede Einzelübung eine Punktzahl, die nach den prozentualen Abzügen in eine Wertnote umgewandelt wird.

Höchst-punktzahl	*vorzüglich*	*sehr gut*	*gut*	*befriedigend*	*mangelhaft*
15,0	*15,0 – 14,5*	*14,0 – 13,5*	*13,0 – 12,0*	*11,5 – 10,5*	*10,0 – 0*
10,0	*10,0*	*9,5 – 9,0*	*8,5 – 8,0*	*7,5 – 7,0*	*6,5 – 0*

Der Richter gibt an der Prüfung keine Punktzahlen für den ersten praktischen Teil bekannt, sondern Wertnoten. In der folgenden Tabelle kann man ablesen, welche Wertnote sich durch die entsprechenden prozentualen Abzüge ergibt. Um beispielsweise ein vorzügliches Ergebnis zu bekommen, darf man höchstens 4 Prozent der Gesamtpunkte abgezogen bekommen.

Bei der Begleithundprüfung kann man höchstens 60 Punkte erreichen. Um zu bestehen, werden mindestens 70 Prozent der Gesamtpunkte, das entspricht 42 Punkten, benötigt.

Bewertung	*Vergabe*	*Entwertung*
vorzüglich	*= mindestens 96 %*	*oder bis minus 4 %*
sehr gut	*= 95 bis 90 %*	*oder minus 5 bis 10 %*
gut	*= 89 bis 80 %*	*oder minus 11 bis 20 %*
befriedigend	*= 79 bis 70 %*	*oder minus 21 bis 30 %*
mangelhaft	*= unter 70 %*	*oder minus 31 bis 100 %*

Im Folgenden werden die einzelnen Übungen für die Begleithundprüfung detailliert beschrieben.

1. Leinenführigkeit (Höchstpunktzahl 15 Punkte)

Bei dieser Übung soll der Hund auf das Hörzeichen „Fuß“ freudig an lockerer Leine, die in der linken Hand gehalten wird, dem Hundeführer in der korrekten Fußposition folgen.

Das Kommando „Fuß“ ist jeweils beim Losgehen und bei den Tempowechseln erlaubt. Der Einsatz von Futter oder Spielzeug ist während der gesamten Prüfung nicht erlaubt.

Das Loben des Hundes mittels Streicheln ist jeweils am Ende einer Übung in der Grundstellung gestattet. Danach muss eine Pause von mindestens 3 Sekunden folgen, bevor die nächste Übung beginnt.

Laufschema

Die Leinenführigkeit wird nach einem definierten Laufschema vorgeführt (siehe Grafik auf S. 130):

Aus der Grundstellung geht der Hundeführer mit seinem Hund zunächst etwa 50 Schritte in der Fußposition im normalen Schritt geradeaus, dann folgen eine Linkskehrtwendung und danach wieder 10 bis 15 Schritte in normaler Gangart. Anschließend kommen mindestens jeweils 10 Schritte zuerst im Laufschritt und danach im langsamen Schritt. Nun geht es wieder im normalen Tempo etwa 10 bis 15 Schritte weiter. Jetzt folgt eine Rechtswendung (90-Grad-Winkel) und nach etwa 15 Schritten nochmals eine Rechtswendung. Nach weiteren 15 Schritten folgt eine Linkskehrtwendung und dann nach etwa 7 bis 8 Schritten ein Anhalten. Der Hund soll sich dabei schnell und selbstständig hinsetzen. Danach geht es weiter und nach 7 bis 8 Schritten erfolgt wieder eine Linkswendung (90-Grad-Winkel).

Die Winkel nach der 2. Geraden mit den Tempowechseln können auch in die andere Richtung gelaufen werden, also zunächst zwei Linkswendungen und nach dem Anhalten noch eine Rechtswendung, bevor sich Hundeführer und Hund in die Gruppe begeben.

Nach der aktuellen Prüfungsordnung ist es nicht mehr möglich, das Schema in einer gespiegelten Variante vorzuführen.

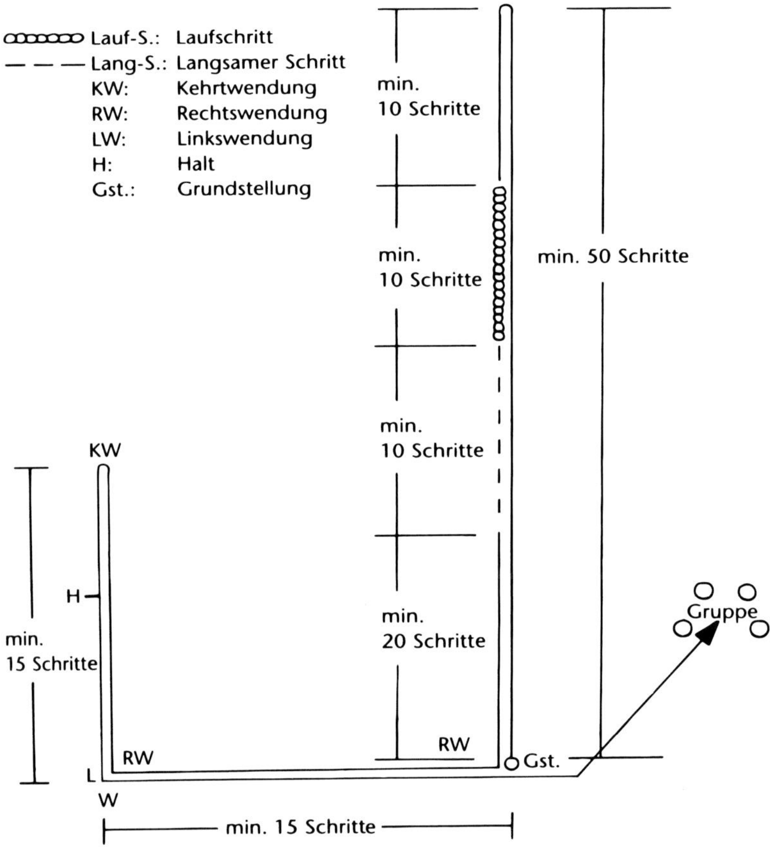

Personengruppe

Der Hundeführer begibt sich nun mit seinem Hund in der Fußposition direkt in eine Personengruppe, die in der Regel aus vier Personen besteht und sich bewegt. Dabei werden zwei Personen in Form einer Acht umrundet. Anschließend wird in der Nähe einer Person angehalten. Daraufhin verlässt der Hundeführer mit seinem Hund die Personengruppe wieder, geht noch 5 bis 10 Schritte geradeaus, zeigt dann eine Linkskehrtwendung und hält einige Schritte nach der Kehrtwendung an. Nun wird der Hund in der Grundstellung abgeleint und die Leine wird entweder schräg über die linke Schulter gehängt oder in die Tasche gesteckt (vorzugsweise in die rechte Tasche, damit der Hund nicht zu sehr abgelenkt wird).

Nun wird die Gruppe noch einmal mit dem Hund frei bei Fuß nach dem gleichen Schema durchquert wie zuvor bei der Leinenführigkeit. Nach dem Verlassen der Gruppe hält der Hundeführer erneut an.

Der Hund soll von einer Personengruppe, die sich bewegt, nicht abgelenkt werden.

2. Freifolge (Höchstpunktzahl 15 Punkte)

Auch für diese Übung gilt das Hörzeichen „Fuß". Aus der Grundstellung geht der Hundeführer mit dem frei bei Fuß folgenden Hund in normaler Gangart los und läuft nun noch einmal analog dasselbe Schema mit seinem Hund wie in der Leinenführigkeit, nur dass in der Freifolge die Personengruppe bereits am Anfang der Übung durchlaufen wurde. Am Ende der Freifolge wird erneut die Grundstellung eingenommen.

Bei der Übung Freifolge läuft der Hundeführer mit seinem Hund auch durch eine Personengruppe.

3. Sitzübung (Höchstpunktzahl 10 Punkte)

		Gst.		*Halt*
Gst.	*10 – 15 Schritte*	*Sitz*	*15 Schritte*	*Zurück zum Hund*

Aus der Grundstellung geht der Hundeführer mit seinem frei in der Fußposition (Hörzeichen „Fuß") folgenden Hund 10 bis 15 Schritte geradeaus. Dann hält er an und der Hund setzt sich selbstständig und gerade hin. Nach etwa 3 Sekunden wird dem Hund das Hörzeichen „Sitz" gegeben und der Hundeführer entfernt sich in gerader Linie von ihm. Der Hundeführer soll sich während des Weggehens nicht zum Hund umdrehen. Er entfernt sich 15 Schritte vom sitzenden Hund, bleibt dann stehen und dreht sich sofort in Richtung zu seinem Hund um. Er geht zu seinem Hund zurück, nachdem er vom Richter ein Signal dafür erhalten hat. Der Hundeführer stellt sich neben den Hund, wodurch sich dieser wieder in der Grundstellung befindet.

Sollte der Hund, anstatt sich hinzusetzen, die Position Steh oder Platz einnehmen, werden dafür 5 Punkte abgezogen. Wenn der Hund die Position ganz verlässt und zum Beispiel ein Stück hinter dem Hundeführer herläuft, bekommt er für diese Übung keine Punkte mehr.

4. Ablegen in Verbindung mit Herankommen (Höchstpunktzahl 10 Punkte)

		Gst.		*Halt*
Gst.	*10 – 15 Schritte*	*Platz*	*30 Schritte*	*Hund abrufen*

Wieder aus der Grundstellung geht der Hundeführer mit seinem frei in der Fußposition folgenden Hund 10 bis 15 Schritte geradeaus. Nun hält der Hundeführer an und der Hund setzt sich schnell und gerade neben seinen Hundeführer. Nach etwa 3 Sekunden erhält der Hund das Hörzeichen „Platz", worauf er sich schnell hinlegen soll. Dann entfernt sich der Hundeführer unmittelbar in gerader Linie vom Hund. Auch bei dieser Übung soll der Hundeführer, ohne dem Hund Hilfen zu geben, direkt loslaufen und der Hund soll die Platzposition nur auf das Hörzeichen hin einnehmen. Der Hundeführer geht 30 Schritte weiter und dreht sich dann sofort zum Hund um und bleibt stehen. Auf ein Signal der Richters hin ruft er den Hund mit dem Kommando „Hier" oder seinem Namen zu sich. Der Hund soll in schnellem Tempo und auf direktem Weg zum Hundeführer kommen und sich frontal dicht vor ihn hinsetzen. Auf das Hörzeichen „Fuß" begibt sich der Hund wieder in die Grundstellung neben seinen Hundeführer. Er kann dabei um den Hundeführer herumlaufen oder sich vorn herum mit dem Hinterteil nach rechts neben den Hundeführer auf dessen linke Seite drehen und gelangt so auch in die Grundstellung.

Auch bei dieser Übung gibt es eine Teilbewertung von höchstens 5 Punkten, wenn der Hund steht oder sitzt, aber an der Stelle bleibt.

WICHTIG!

Um an der weiteren Prüfung teilnehmen zu können, muss der Hund in den ersten fünf Übungen mindestens 42 Punkte erreichen, was 70 Prozent der Gesamtpunktzahl entspricht.

5. Ablegen des Hundes unter Ablenkung (Höchstpunktzahl 10 Punkte)

Bevor der andere Hundeführer mit der Vorführung seines Hundes beginnt, begibt sich der Hundeführer mit seinem Hund an einen vorgeschriebenen Platz. Er nimmt dann die Grundstellung ein und leint den Hund ab. Nachdem er die Leine umgehängt oder in die Tasche gesteckt hat, gibt er seinem Hund das Platzkommando. Er entfernt sich dann etwa 30 Schritte vom Hund und bleibt auf Anweisung des Richters mit dem Rücken zum Hund stehen. Es ist ihm nicht gestattet, sich zum Hund umzudrehen. Der Hund soll ruhig am Platz liegen bleiben. Auf ein Signal des Richters hin geht der Hundeführer zurück zu seinem Hund und stellt sich an der rechten Seite des Hundes auf. Dann nimmt er den Hund auf Anweisung des Richters hin mit dem Hörzeichen „Sitz“ oder „Fuß“ in die Grundstellung und leint den Hund anschließend wieder an.

Volle Punktzahl gibt es, wenn der Hund so lange ruhig liegen bleibt, bis er wieder abgeholt wird.

Das richtige Verhalten in einer Personengruppe.

Wenn der Hund am Ablegeplatz bleibt, aber unruhig ist oder gar sitzt oder steht, erhält er noch eine Teilbewertung. Wenn der Hund sich mehr als eine Körperlänge vom Ablegeplatz entfernt, bekommt er für diese Übung keine Punkte mehr.

Prüfung im Straßenverkehr

Wenn Sie den ersten Teil auf dem Übungsgelände erfolgreich absolviert haben, geht es weiter zum Straßenverkehrsteil. Dieser Teil der Prüfung wird nicht auf dem Übungsgelände durchgeführt, sondern alle Prüflinge sowie der Richter und einige Hilfspersonen fahren an eine belebte Stelle im nächsten Ort, die genügend Möglichkeiten für die Überprüfung der einzelnen Situationen im Straßenverkehr und in der Öffentlichkeit bietet.

Im Wesentlichen geht es hier um das Verhalten des Hundes zum Beispiel bei Begegnungen mit Personengruppen, Autos, Radfahrern, Inline-Skatern, Joggern, anderen Hunden usw. Der Richter kann beim Verkehrsteil die Hunde paarweise oder auch in kleinen Gruppen laufen lassen. Er kann sich von örtlichen Gegebenheiten inspirieren lassen und den Prüfungsablauf so alltagsgetreu wie möglich gestalten.

Verkehrsteil

Für das Bestehen im Verkehrsteil erfolgt keine Bewertung nach Punkten, sondern der Richter orientiert sich am Gesamteindruck, wie sich der Hund in der Öffentlichkeit und im Straßenverkehr verhält. Der Hund soll sich durchgängig neutral und gelassen zeigen. Der Hund ist über den ganzen Verkehrsteil hinweg angeleint.

Der Verkehrsteil findet nicht nach einer fest vorgeschriebenen Reihenfolge statt, sondern der Richter passt ihn in der Regel den örtlichen Gegebenheiten und Möglichkeiten an.

Folgende Elemente können vorkommen:

Begegnung mit einer Personengruppe/mit kreuzenden Person

Der Hundeführer geht mit seinem Hund mehrere Male durch eine sich bewegende Personengruppe und hält an, während der Hund neben ihm sitzt oder in die Platzposition gelegt wird. Er kann in der Gruppe mit Handschlag begrüßt werden. Auf dem Weg zur Gruppe oder auch danach kreuzt eine Person dicht vor ihm und dem Hund.

Begegnung mit Radfahrer

Der Hundeführer geht mit seinem Hund auf einem Weg und ein Radfahrer überholt ihn mit Klingelzeichen von hinten. Dann fährt der Radfahrer nochmals vorbei und kommt dieses Mal wieder mit Klingelzeichen, aber von vorn auf Hundeführer

Begegnung mit einer kreuzenden Person.

Wenn der Richter bestimmt, dass diese Übung mit allen Hunden gleichzeitig durchgeführt wird, gehen die Teilnehmer hintereinander.

Der Hund sollte nicht am Auto hochspringen. Am besten lässt man ihn sitzen.

und Hund zu. Er soll immer an der Seite vorbeifahren, auf welcher der Hund läuft. Der Hund soll sich weder vom Fahrrad noch vom Klingelgeräusch beeindrucken lassen.

Begegnung mit Autos

Der Hundeführer soll mit seinem Hund an einigen Autos vorbeigehen, eventuell können auch ein Auto gestartet und eine Heckklappe und/oder Autotür zugeschlagen werden. Dann hält ein Auto neben dem Hundeführer und seinem Hund oder er geht zu einem Auto hin, in dem eine oder mehrere Personen sitzen.

Das Fenster wird geöffnet und der Hundeführer wird in ein Gespräch verwickelt. Der Hund soll ruhig neben dem Hundeführer sitzen oder liegen, soll sich von Auto und Geräuschen unbeeindruckt zeigen und auf keinen Fall am Auto hochspringen.

Begegnung mit Joggern oder Inline-Skatern

Der Hundeführer geht mit seinem Hund einen Weg entlang und wird von hinten von zwei oder auch mehr Joggern überholt. Später kommen die Jogger den beiden wieder entgegen. Der Hund darf die Personen auf keinen Fall belästigen. Die gleiche Übung kann auch mit Inline-Skatern erfolgen. Wenn mehrere Hunde gleichzeitig an dieser Übung teilnehmen, sollten sie hintereinander gehen.

Begegnung mit anderen Hunden

Wenn ein anderer Hund entgegenkommt oder Hundeführer und Hund überholt, soll sich der Hund neutral verhalten und dem anderen Hund gegenüber keine Aggression zeigen.

Verhalten des im Verkehr allein gelassenen Hundes/ Verhalten gegenüber anderen Hunden

Der Hundeführer geht mit seinem Hund zu einem Ort, wo er den Hund anbinden kann. Nachdem der Hund angebunden ist, begibt sich der Hundeführer außer Sicht, zum Beispiel in einen Hauseingang oder in einen Laden.

Der Hund kann stehen, sitzen oder auch liegen. Während der Hund allein angebunden ist, geht eine Person mit einem anderen Hund in ein paar Schritten Entfernung vorbei. Der Hund soll sich ruhig verhalten und den anderen Hund passieren lassen, ohne aggressives Verhalten zu zeigen oder an der Leine zu zerren. Anschließend holt der Hundeführer seinen Hund wieder ab.

Die Hunde sollten sich gegenüber den Joggern ruhig verhalten.

Der allein gelassene Hund sollte sich ruhig verhalten, wenn der Hundeführer außer Sicht ist (a), selbst wenn ein anderer Hund vorbeigeht (b).

Siegerehrung

Nach bestandener Prüfung!

Ist auch der Verkehrsteil der Prüfung abgeschlossen, kehren alle Teilnehmer wieder zum Übungsplatz zurück. Hier findet dann die Siegerehrung statt, bei der die erfolgreichen Teilnehmer eine Urkunde und die Prüfungsunterlagen/Bescheinigung zurückbekommen. Manche Vereine übergeben auch Pokale oder andere Erinnerungsgaben. Eine schöne Erinnerung ist zum Beispiel ein Bild vom glücklichen Team, das sich der Herausforderung der Prüfung gestellt hat und erfolgreich bestanden hat.

Eine Begleithundprüfung ist eine Freizeitbeschäftigung, die Sie freiwillig ausüben. Ein Misserfolg ist hier also keinesfalls tragisch, sondern Sie können nach weiterem Training jederzeit wieder mitmachen und sich dann über eine bestandene Prüfung freuen.

Eventuell möchte der Richter auch noch ein paar Worte zu den gezeigten Leistungen sagen und der Verantwortliche des Vereins, der Prüfungsleiter oder Vorsitzende bedankt sich bei den Teilnehmern und Helfern. Sollte ein Teilnehmer Pech gehabt haben und die Prüfung nicht bestanden haben, ist es trotzdem schön, wenn alle Teams gemeinsam zur Siegerehrung vor Ort sind. Der Trainer und die anderen Teilnehmer sollten den Pechvogel zu weiterem Training ermutigen. Und nach Analyse und Behebung der Probleme ist eine erneute Prüfungsteilnahme durchaus möglich.

Zum Schluss: ein paar Tipps für das erfolgreiche Bestehen

Im Folgenden sind noch einmal die wichtigsten Tipps für die Teilnahme an einer Prüfung zusammengefasst.

- Ihr Hund weiß nicht, dass es eine Prüfung ist. Er wird höchstens an Ihrem Verhalten merken, dass am Prüfungstag irgendetwas anders ist als sonst.
- Versuchen Sie, sich am Prüfungstag möglichst schon zu Hause und auch davor am Hundeplatz genauso zu verhalten, als wenn Sie zu einer Trainingseinheit gehen würden.
- Wichtig ist Ihre Körperhaltung und Körpersprache sowie das Aussprechen der Kommandos bei der Prüfung. Alle Abweichungen von der Trainingssituation können den Hund irritieren. Wenn Sie so laufen wie im Training, wird Ihr Hund auch arbeiten wie im Training.
- Wenn Sie sich in einem Verein zur Prüfung angemeldet haben, in dem Sie sonst nicht trainieren, gehen Sie auf alle Fälle vorher zu mindestens einem oder besser mehreren Trainingstagen hin, um den Hund an den Übungsplatz zu gewöhnen.
- Üben Sie vorher ein paar Mal zusammen mit dem Mensch-Hund-Team, das gemeinsam mit Ihnen bei der Prüfung läuft, damit sich die Hunde aneinander gewöhnen können. Lassen Sie die Hunde aber nicht auf dem Übungsplatz kurz vor der Prüfung intensiv miteinander spielen.
- Rufen Sie beide auch jeweils den anderen Hund, während der eigene Hund abliegt, um zu testen, ob die Hunde auf das Kommando des anderen Hundeführers reagieren oder eher auf den anderen rennenden Hund.
- Ziehen Sie bei der Prüfung nicht total neue und steril riechende Kleidung an, sondern dieselbe, in der Sie vorher trainiert haben. Packen Sie Futter und Spielzeug in Ihre Taschen und bestätigen Sie den Hund daraus, so riechen Sie bei der Prüfung genauso wie im Training. Kurz vor der Prüfung leeren Sie dann – für den Hund nicht sichtbar – Ihre Taschen aus.
- Wenn die Prüfung am Morgen stattfindet, was meist die Regel ist, und Sie sonst eher in den Abendstunden trainieren, versuchen Sie in der Prüfungsvorbereitung auch ab und zu am Morgen zu trainieren. Hunde können sehr auf Zeiten festgelegt sein und zeigen dadurch bei der Prüfung vielleicht nicht ihr volles Können, wenn sie es nicht gewohnt sind, zu dieser Tageszeit mit Ihnen zu arbeiten.
- Falls Ihr Hund ein Zecken- bzw. Flohhalsband trägt, nehmen Sie es vor der Prüfung ab, da es nicht erlaubt ist.

- Geben Sie Ihrem Hund an der Prüfung so wenig unerlaubte Hilfen wie möglich, da dies vom Richter bei der Bewertung abgezogen wird. Sollte aber der Hund zwischendurch mal ganz abgelenkt sein und sich zum Beispiel beim Fußlaufen von Ihnen entfernen, geben Sie lieber, wenn nötig, eine kurze Hilfe, damit der Hund sich wieder konzentriert und aufmerksam weiterarbeitet.
- Vor Beginn der Prüfung wird eine Unbefangenheitsüberprüfung mit einer Identifikationskontrolle durchgeführt. Üben Sie auch das vorher mir Ihrem Hund.
- Vor Beginn der Vorführung müssen Sie sich beim Richter anmelden wie zum Beispiel: „Uta Reichenbach und Brix von Adschanta sind zur Unterordnung bereit."
- Beginnen Sie mit der Vorführung der Übungen erst auf Anweisung des Richters.
- Halten Sie die Hundeleine in der linken Hand. Die Leine muss sichtbar durchhängen. Während der Prüfung sollten möglichst kein Ziehen an der Leine oder sonstige Einwirkungen auf den Hund erfolgen.
- Sie dürfen den Hund während der Vorführung nicht füttern und auch weder Futter noch Spielzeug mitführen.
- Die Leine darf vor der Freifolge entweder in die rechte Tasche gesteckt oder diagonal so um die Schulter gelegt werden, dass sie auf der rechten Seite herunterhängt.
- Das Kommando „Fuß" ist beim Losgehen und bei den Tempowechseln erlaubt.
- Das Kommando „Sitz" ist nur bei der Sitzübung erlaubt, aber nicht beim Anhalten in der Fußposition. Hier soll sich der Hund selbstständig ohne Kommando hinsetzen.
- Halten Sie genügend Sicherheitsabstand zum anderen Hund ein.
- Laufen Sie nicht zu dicht an Bäumen und am Zaun vorbei, da der Hund sonst vielleicht markieren möchte.
- Vergessen Sie beim Verlassen der Gruppe nicht das Bedanken, falls es in dem Verein so üblich ist.
- Beim Ablegen bringen Sie den Hund erst in die Grundstellung, leinen ihn dann ab und bringen ihn in die Platzposition. Beim Abholen erfolgt das Ganze genau in umgekehrter Reihenfolge
- Nach beendeter Vorführung gehen beide Hundeführer nochmals zum Richter und melden sich in der Reihenfolge, wie sie gelaufen sind, mit „Unterordnung beendet" ab. Danach erfolgt die Bewertung durch den Richter.
- Fangen Sie keine Diskussionen mit dem Richter an, sondern bleiben Sie stets freundlich, auch wenn Sie seine Bewertung momentan nicht ganz nachvollziehen können. Lassen Sie es sich später von erfahrenen Hundeführern erklären.
- Bedanken Sie sich während der Siegerehrung beim Richter.

Anhang

Wichtige Adressen

Verband für das Deutsche Hundewesen e.V. (VDH)
Westfalendamm 174
44141 Dortmund
Telefon: 0231 56500-0
E-Mail: info@vdh.de

Deutscher Hundesportverband e.V.
Ennertsweg 51
58675 Hemer
Telefon: +49 2372 55598-0
Telefax: +49 2372 55598-22
E-Mail: info@dhv-hundesport.de
Internet: www.dhv-hundesport.de

GKF – Gesellschaft zur Förderung Kynologischer Forschung e.V.
Postfach 14 03 53
53058 Bonn
Service-Telefon: 0180 3347494
E-Mail: info@gkf-bonn.de

Zum Weiterlesen

- Boulanger, Robert und Trautmann Zenoni, Gabriella: **Mantrailing** – Teamarbeit mit Nase und Verstand. Oertel+Spörer, Reutlingen 2013.
- Gelhaus, Nadine: **Futterfibel**. Hunde gesund ernähren. Oertel+Spörer, Reutlingen 2013.
- Göbel, Michaela: **Taube Hunde**. Umgang – Erziehung – Ausbildung. Oertel+Spörer, 2013.
- Hartmann, Michael: **Patient Hund**. 2. Auflage, Oertel+Spörer, Reutlingen 2010.
- Howald, Erika: **Wenn Hunde das Sagen hätten ... würden sie Menschen anleinen**. Oertel+Spörer, Reutlingen 2017.
- Jadatz, Klaus: **Der moderne Gebrauchshund**. Zeitgemäße Ausbildung für Schutzdienst, Fährte, Unterordnung. 3. Auflage, Oertel+Spörer, 2018.
- Jansen, Karin: **Rassespezifisches Territorialverhalten bei Hunden** – Richtiges Verständnis und Erziehung. Oertel+Spörer, 2013.
- Jansen, Karin: **Rassespezifisches Jagdverhalten bei Hunden** – Verständnis, Beschäftigung, Jagdkontrolle. Oertel+Spörer, 2014.
- Kien, Sandy: **Holländischer Schäferhund**. Oertel+Spörer, Reutlingen 2013.
- Kolbe, Katrin und Lehari, Gabriele: **Nasenarbeit**. Oertel+Spörer, Reutlingen 2013.
- Kolbe, Katrin: **Wie Hunde lernen**. Oertel+Spörer, Reutlingen 2016.
- Koller, Raphaela: **BARF-Rezepte**. 4. Auflage, Oertel+Spörer, Reutlingen 2015.
- Küng, Silvia: **Sozialpartner Hund**. Oertel+Spörer, Reutlingen 2016.
- Lehne, Anke: **Zeitgemäße Jagdhundeführung**. 2. Auflage, Oertel+Spörer, Reutlingen 2014.
- Müller, Anja Carmen und Lehari, Gabriele: **Der Therapiehund**. 3. Auflage, Oertel+Spörer Reutlingen, 2015.
- Nehmet, Manuela: **Beschwichtigen, Drohen oder nur Spielen?** Die Signale des Hundes richtig deuten. Oertel+Spörer, Reutlingen 2017.
- Rauth-Widmann, Brigitte: **Welpen** – Mit dem Hund durchs erste Jahr. Oertel+Spörer, 2010.
- Reichenbach, Uta: **Wie Hunde kommunizieren**. Oertel+Spörer, Reutlingen 2011.
- Reichenbach, Uta und Lehari, Gabriele: **Der zuverlässige Begleithund**. Von der Welpenerziehung bis zur Begleithundprüfung. 3. Auflage, Oertel+Spörer, Reutlingen 2018.
- Röthig, Doris: **Rettungshundeausbildung zur Flächensuche**. 2. Auflage, Oertel+Spörer, Reutlingen 2016.
- Schuhmeir, Wieland: **Problem Hund?** Verhaltensprobleme erkennen – lösen – vorbeugen. Oertel+Spörer 2011.
- Sinner, Tanja und Lehari, Gabriele: **Obedience**. Gehorsam in Perfektion. Oertel+Spörer, 2010.
- Werner, Tina: **Wellness für Hunde**. Massage und Physiotherapie für jeden Tag. Oertel+Spörer, 2010.